基于动态规划的雷达弱目标检测前跟踪算法研究

陆晓莹 著

中国原子能出版社

图书在版编目（CIP）数据

基于动态规划的雷达弱目标检测前跟踪算法研究 /
陆晓莹著. -- 北京 ：中国原子能出版社，2024. 11.
ISBN 978-7-5221-3771-1

Ⅰ. TN951

中国国家版本馆 CIP 数据核字第2024RE1775号

基于动态规划的雷达弱目标检测前跟踪算法研究

出版发行	中国原子能出版社（北京市海淀区阜成路 43 号　100048）
责任编辑	白皎玮　陈佳艺
责任校对	刘　铭
责任印制	赵　明
装帧设计	邢　锐
印　　刷	河北宝昌佳彩印刷有限公司
开　　本	787 mm×1092 mm　1/32
印　　张	4. 75
字　　数	150 千字
版　　次	2024 年 11 月第 1 版　2024 年 11 月第 1 次印刷
书　　号	ISBN 978-7-5221-3771-1　　**定　价　88. 00** 元

前言

由于目标的日益多样化和环境的日渐复杂化，现代雷达系统在检测和跟踪以低信噪比（Signal-to-Noise Ratio，SNR）或低信杂比（Signal-to-Clutter Ratio，SCR）为特征的弱目标时，面临巨大挑战。

在常规的先检测后跟踪（Detect-Before-Track，DBT）算法中，雷达先对单帧回波数据进行门限检测，再对过门限的点迹做跟踪处理。然而在这种处理方式中，弱目标易因未过检测门限而被漏检，从而造成系统性能损失。与 DBT 算法相比，检测前跟踪（Track-Before-Detect，TBD）算法是一种更适合弱目标探测的信号处理技术，它不对单帧回波数据进行门限处理，而是对多帧回波数据进行积累和联合处理，可显著提升雷达对弱目标的检测和跟踪性能。在 TBD 算法的多种实现方式中，基于动态规划（Dynamic Programming，DP）的 TBD（DP-TBD）算法因性能优异和易于实现而成为雷达弱目标检测领域的主流技术和研究热点。虽然目前 DP-TBD 算法在雷达领域得到了应用和深入研究，但是面对雷达体制、应用背景和目标运动特性的多样化，DP-TBD 算法仍然存在一些亟待解决的新问题和性能提升的空间。

对此，本书结合雷达体制、应用背景特点和目标运动特性，对 DP-TBD 算法进行优化设计和改进，旨在进一步提升 DP-TBD 算法对弱目标的检测跟踪性能。本书第 1 章介绍了 DP-TBD 算法的起源、发展及应用现状。第 2 章针对传统 DP-TBD 算法在实际应用中状态转移数难以恰当选取的问题，提出了一种基于状态转移范围优化设计的改进 DP-TBD 算法，相比传统 DP-TBD 算法，所提算法能够有效提升雷达对弱目标的检测跟踪性能。第 3 章针对机载雷达对海探测场景，研究了非高斯杂波背景下的 DP-TBD 算法，提出了基于 K 分布杂波的 DP-TBD 算法和基于逆高斯纹理复合高斯模型（Compound Gaussian Model with Inverse Gaussian Texture，IGCG）分布杂波的 DP-TBD 算法，相较于传统 DP-TBD 算法中基于幅度或基于高斯杂波推导的检测统计量，所提算法的检测统计量能够进一步增加目标和非高斯杂波之间的差异性，从而提升雷达在非高斯杂波背景下对弱目标的检测跟踪性能。第 4 章针对天波超视距（Over-the-Horizon，OTH）雷达在长时间观测背景下同时探测空中目标和海面目标的场景，利用目标运动约束条件，提出了一种基于运动约束的 DP-TBD 算法，用于对高速运动目标的检测和跟踪，在此基础上，又提出了一种基于多通道的 DP-TBD 算法，进一步提升了雷达对运动弱目标的检测跟踪能力，此外，还对两种算法的计算复杂度进行了分析和评估。第 5 章针对机动目标，在长时间观测背景下，提出了一种基于混合积累的 DP-TBD 算法，该算法利用目标的多种运动约束条件，结合相参和非相参的能量积累方式，对机动目标的能量进行有效积累，从而实现在长时间观测背景下对机动弱目标的有效检测与跟踪，与传统算法相比，所提算法对弱目标具有更好的机动特性适应能力、更佳的检测跟踪性能和可接受的运行时间。第 6 章总结了本书的研究内容，指出了本研究目前存在的不足之处，同时对未来的研究工作进行了展望。

读者可以根据自己需求和兴趣进行选读，也欢迎读者朋友们对本书的研究内容提出宝贵的意见与建议，在此先提前表示感谢。

需要说明的是，本书是根据作者博士论文整理而成的。此外，本书的工作得到了河南科技大学博士科研启动基金项目（编号：13480099）和河南省高等学校重点科研项目（编号：25A510011）的全力资助，特此表示感谢。

目录

第1章 导论：雷达弱目标检测概论

1.1 雷达弱目标检测算法简介

雷达是指利用无线电的反射探测目标并测量目标到雷达的距离。第二次世界大战期间，雷达在军事领域发挥了巨大作用，这促使各国在战时和战后对雷达技术进行了深入研究。随着科学技术的发展，现代雷达不再局限于基本的目标探测和测距功能，它还具备了目标跟踪、识别、成像等功能，肩负着战略预警、战场监视、导弹防御、精确制导、情报获取等重要职能，成为电子作战平台中不可或缺的装备，具有重要的战略意义。此外，雷达的应用领域也由军事领域扩展至气象预测、空天地海的交通管控、资源监测等民用领域。

目标的日益多样化和环境的日渐复杂化使得现代雷达的探测能力面临严峻挑战，弱目标检测问题就是其中之一。弱目标是指具有低信噪比（Signal-to-Noise Ratio，SNR）或低信杂比（Signal-to-Clutter Ratio，SCR）特性的目标。雷达在弱目标检测问题上面临的挑战主要体现在两方面。一方面，就目标而言，隐身技术的发展使得隐身飞机这类目标的雷达截面积（Radar Cross Section，RCS）急剧缩减，从而使目标的回波强度大幅度降低，SNR 明显下降，增大了雷达的探测难度；另一方面，就环境而言，在山地、城市、海洋、森林等强杂波环境中，目标的 SCR 明显降低，极易被杂波所掩盖，导致目标漏检。因此，提升雷达对弱目标的探测能力具有重大战略意义，并已成为国内外雷达领域的研究热点之一。

提升雷达对弱目标探测能力的实质是提升回波信号中目标的

SNR 或 SCR，实现方法主要有两个思路。第一个思路是从硬件方面出发，根据雷达方程，通过改变雷达系统的参数（如增大发射机功率、增大天线孔径、降低接收机噪声系数、更改发射信号的载波频率等）来提升雷达灵敏度，或采用新体制雷达。但这类措施会增加雷达硬件成本或增大雷达暴露风险，并且常常受限于实际工程应用条件而遭遇发展瓶颈。第二个思路是从信号处理角度出发，通过设计和改进一系列信号处理算法来提升雷达对弱目标的探测能力。这类方法在硬件成本有限的条件下，能够有效提升雷达的检测性能，而且实现方式灵活，具有更加广泛的应用前景，是目前提升雷达对弱目标检测性能的主要方法。

从信号处理角度出发，提升 SNR 或 SCR 的核心是提升雷达对目标回波能量的积累能力。对目标回波能量的积累，常通过累加多个脉冲的回波数据，即多脉冲积累来完成。多脉冲积累可以把回波数据中的噪声或杂波能量进行平均，把目标能量进行有效积累，从而达到提升 SNR 或 SCR 的目的。相参积累和非相参积累是多脉冲积累方式中两种常见的能量积累方法。相参积累是指对回波数据的幅度和相位都进行累加，这要求回波信号在各个脉冲的相位信息是已知的，而且需要被保存。非相参积累仅对回波数据的幅度进行累加，不需要知道相位信息，比相参积累更易实现。但是，由于相参积累利用了回波数据的全部信息，故其在理论上是无损耗的。所以，相较于非相参积累，相参积累能获得更高的积累增益。常见的相参积累方法有动目标检测（Moving Target Detection，MTD）和长时间相参积累（Long-Time Coherent Integration，LTCI）。典型的非相参积累方法有 Hough 变换（Hough Transform，HT）、Radon 变换（Radon Transform，RT）和检测前跟踪（Track-Before-Detect，TBD）技术，其中 TBD 是目前弱目标检测领域的主流方法。

对目标进行检测与跟踪的传统方法是检测后跟踪（Detect-Before-Track，DBT）算法。如图 1-1 所示，DBT 算法由检测和跟踪两个阶段构成。在检测阶段，雷达将每一帧的回波数据做门限判决处理，只保留超过门限的点迹。在跟踪阶段，将超过门限的点迹数据进行关联、滤波、航迹管理等处理，输出估计的目标航迹。然而，对于弱目标的检测与跟踪，DBT 算法存在局限性。如图 1-2 所示，由于 DBT 算法采用单帧门限判决的检测处理方式，弱目标（如目标 2）会因未超过检测门限而被漏检，从而造成目标信号丢失。与 DBT 算法不同，TBD 算法将检测和跟踪两个阶段融合在一起，不再对单帧回波数据进行门限判决，而是积累和联合处理多帧回波数据，在宣布检测结果的同时输出目标的估计航迹，其处理流程如图 1-3 所示。TBD 算法最大程度地保留了目标信息，利用目标在时间和信号空间上同噪声、杂波之间的差异性，实现目标回波能量的有效积累和噪声、杂波能量的有效抑制，从而显著提高了雷达对弱目标的检测跟踪能力。

图 1-1　DBT 算法处理流程图

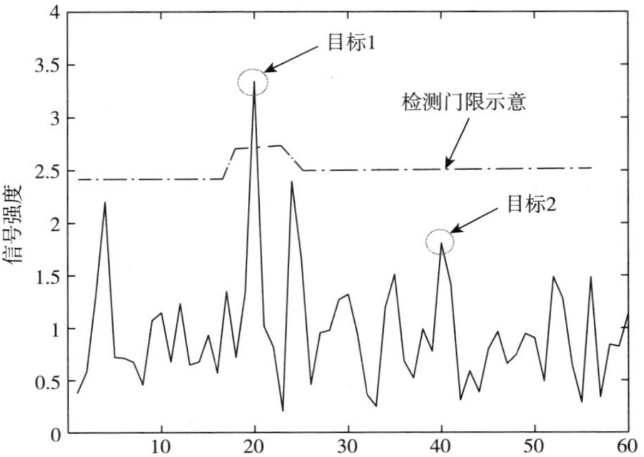

图 1-2　DBT 算法处理弱目标的信号丢失示意图

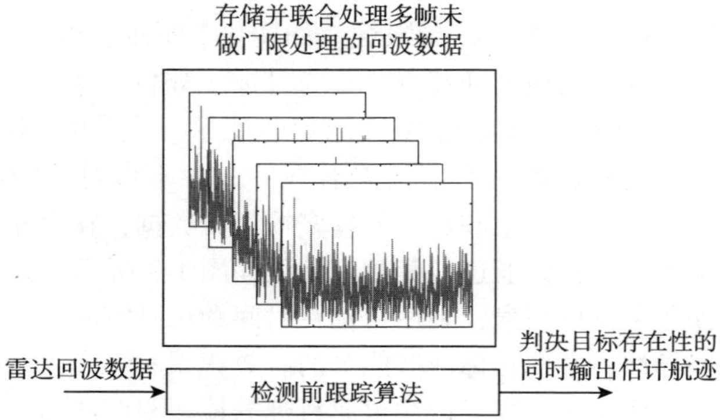

图 1-3　TBD 算法处理流程图

TBD 算法的实现方式多种多样，主要有：基于三维匹配滤波的 TBD、基于 HT 的 TBD（HT-TBD）、基于粒子滤波（Particle Filter，PF）的 TBD（PF-TBD）、基于随机有限集（Random Finite Set，RFS）的 TBD（RFS-TBD）、基于直方图概率多假设跟踪（Histogram Probabilistic Multi-Hypothesis Tracking，H-PMHT）的 TBD（H-PMHT-TBD）和基于动态规划（Dynamic Programming，DP）的 TBD（DP-TBD）等。其中 DP-TBD 算法因其性能优异、应用条件宽松和易于实现等特点，成为弱目标检测领域的热门研究方向之一，受到国内外研究机构和学者的广泛关注。本书也将重点围绕 DP-TBD 算法展开研究。

1.2　基于动态规划的检测前跟踪算法简介

DP-TBD 算法利用目标的运动特性，沿着目标可能的航迹对目标能量进行积累，从而使具有目标特征的状态获得更高的积累值函数，而具有噪声或杂波特征的状态则获得较低的积累值函数，实现在噪声或杂波背景中对目标的分离。DP-TBD 算法的主要构成因素包括以下三种。

（1）状态转移范围。在 DP-TBD 算法中需要预设一个目标状态转移范围，DP 搜索在该范围内进行，从而使算法能够沿着目标可能航迹对目标能量进行积累。状态转移范围的大小会影响算法的性能。若状态转移范围过小，则可能无法覆盖目标的完整航迹，导致目标能量无法被准确积累，造成算法性能下降。若状态转移范围过大，搜索范围内包含的噪声或杂波也将随之增多，一旦某些噪声或杂波的强度大于目标，则 DP 寻优过程中会错误地积累这些强度较大的噪声或杂波能量，从而产生虚假航迹；此外，算法的运算量也会增加。所以状态转移范围的恰当设置对 DP-TBD 算法的性能有着重要影响。

（2）检测统计量。DP-TBD 算法的实现需要能够体现出目标与噪声、杂波之间差异性的检测统计量。通过对检测统计量的多帧累加来实现目标能量的积累和噪声、杂波能量的抑制，从而将目标从噪声或杂波背景中分离出来。在雷达不同工作体制和不同工作背景下，不同形式的检测统计量对算法性能的影响也不同。因此，需要根据实际工作环境和应用条件，对检测统计量进行合理设计。

（3）积累帧数。理论上积累帧数越多，积累增益越高。但积累帧数的增多也意味着时间成本的增加，所需的数据存储空间增大，计算复杂度也随之增大。因此，积累帧数的选取，既要考虑雷达在检测跟踪性能上的要求，又要顾及雷达的实时性需求和硬件资源约束。

现有 DP-TBD 算法虽然在雷达领域得到极大发展，但随着目标和电磁环境的日益复杂化，现有 DP-TBD 算法的应用和性能也存在一定局限性。因此，有必要结合雷达体制、实际应用背景和目标运动特性，对 DP-TBD 算法做进一步的研究，以充分发挥雷达体制特点，提高雷达对环境和目标的适应性，提升 DP-TBD 算法的性能。对此，仍有如下亟待研究解决的关键技术问题。

第一，适配雷达体制的 DP-TBD 算法研究。DP-TBD 算法的应用需要考虑雷达的工作方式、体制特点和实际作战需求，在此基础上，对回波信号和目标运动情况等进行数学建模，并根据 TBD 思想设计合理的算法流程。传统 DP-TBD 算法大多是基于平台固定的地基雷达展开研究的，而这些 DP-TBD 算法在应用于其他雷达体制时，可能面临不能直接使用或性能受损的情况。例如，针对机载雷达对海探测场景，就需要考虑非高斯杂波背景对算法性能的影响。然而传统 DP-TBD 算法大多是在仅考虑噪声或是在高斯杂波的背景下研究得到的，未必能在非高斯杂波背景下充分发挥效能。又比如，天波超视距（Over-the-Horizon，OTH）雷达在同时探测空中目标和海面目标（以下简称为空海目标）的工作模式下，常常需要对同一方位的空域和海面进行长时间的观测，此时雷达接收到的是长时间的回波数据。对于高速运动的空中目标，当其速度和所需的相参积累时间（Coherent Integration Time，CIT）等信息未知时，DP-TBD 算法因积累帧数无法确定而难以对长时间的回波数据进行处理，从而难以对空中弱目标进行有效检测与跟踪。综上，需要根据雷达具体的工作体制和实际工程需求，对 DP-TBD 算法进行相应的优化设计和改进。

第二，非高斯杂波背景下的 DP-TBD 算法研究。传统 DP-TBD 算法的大多数研究是在仅考虑噪声或是在高斯分布杂波的假设下进行的。然而，面对日益复杂的电磁环境，该假设往往过于理想化，难以匹配雷达的实际应用场景。例如，在雷达对海探测场景下，就需要考虑海杂波对算法性能的影响。而高斯分布模型难以准确描述具有长拖尾的海杂波分布特征。为了提升非高斯分布杂波背景下雷达对弱目标的检测跟踪性能，需要设计更能明显反映目标与杂波差异性的检测统计量，并通过 DP-TBD 算法利用该差异性在积累目标能量的同时抑制杂波能量，从而进一步提升 SCR。这种检测统计量需要根据非高斯分布杂波的统计特征和雷达体制进行综合设计与推导。

第三，结合相参积累的 DP-TBD 算法研究。传统 DP-TBD 算法大多利用目标幅度信息在帧间进行非相参积累。然而，相参积累方法不仅利用了目标的幅度信息，还利用了目标的相位信息，因此，理论上能获得比非相参积累更高的增益。因此，将 DP-TBD 算法与相参积累方式相结合，能够在一定程度上提升雷达对弱目标的检测跟踪性能，但如何将相参积累方式与 DP-TBD 算法有效结合是实现算法性能提升的关键技术和难点。

第四，机动目标的 DP-TBD 算法研究。传统 DP-TBD 算法通常用于检测和跟踪匀速运动目标或弱机动的目标，对机动目标的适应性较弱。随着现代战争的复杂化，目标为了躲避雷达跟踪和避免受到攻击，通常具有一定机动性。这给雷达预警和监测系统带来严峻挑战。因此，研究针对机动目标的 DP-TBD 算法迫在眉睫。如何有效解决机动目标的距离走动效应（Range Walk Effect，RWE）和如何设置合适的状态转移范围仍是目前关于机动目标研究工作的关键技术和难点。

上述问题的研究，对进一步推广 DP-TBD 算法的应用和提升 DP-TBD 算法的性能具有重要理论意义。本书将围绕上述科学问题，开展研究工作。

1.3　DP-TBD 算法的研究动态与发展现状

近 40 年来，国内外学者针对 DP-TBD 算法展开了大量研究。下面将从应用领域的推广、非高斯杂波背景下的研究、与相参积累方式的结合和机动目标场景下的研究这四个方面，对 DP-TBD 算法的研究动态和发展现状予以说明。

1.3.1　DP-TBD 算法应用领域的推广

DP-TBD 算法早期主要应用于红外光学领域。1985 年，Barniv 针对序列图像，首次提出 DP-TBD 算法，用以实现对弱目标的检测与跟踪。1987 年，Barniv 又对 DP-TBD 算法进行了性能分析，指出相比 DBT 算法，DP-TBD 算法在 SNR 性能提升上至少有一个数量级的增益改善。1996 年，Tonissen 等人针对红外光学模型下的匀速运动目标，推导了 DP-TBD 算法的检测跟踪性能解析表达式。

1990 年，Kramer 等首次将 DP-TBD 算法的应用推广到机载雷达系统中，开创了 DP-TBD 算法在雷达领域应用的先河。随后，Kramer 等研究了如何将 DP-TBD 算法应用于存在距离模糊的双高脉冲重复频率（Pulse Repetition Frequency，PRF）机载雷达系统的问题，提出先利用 DP-TBD 分别处理两个 PRF 下接收到的回波数据，再利用中国余数定理对距离模糊问题进行求解的方法，并通过仿真验证了所提方法的有效性。但是，该方法仅适用于航迹不发生跳变的情况。为了提升航迹发生跳变情况下的算法性能，张鹏等利用模糊数对目标运动方程进行建模，并对雷达观测距离进行延拓，在距离模糊场景下，提出的 DP-TBD 算法能够有效提升高 PRF 雷达对弱目标的检测跟踪能力。

2005 年，Buzzi 等在低 PRF 机载预警雷达系统中，利用回波数据的时空相关性，提出了两种低复杂度、低功耗的 DP-TBD 算法。所提算法在方位角-距离-多普勒域和时域对回波数据进行联合处理，收集目标在观测时长内的所有反向散射能量。此外，所提算法还考虑了量化率对系统性能的影响。仿真结果表明，即使在目标速度较高和量化率较低的情况下，所提算法也具有良好的检测和跟踪性能。但是，该算法没有利用模糊的多普勒信息。为了解决该问题，Deng 等先利用模糊多普勒和模糊数对目标运动方程进行建模，再利用 DP-TBD 算法对多帧数据进行联合处理。在存在多普勒模糊的情况下，其所提方法保留并利用了模糊多普勒信息，有效提升了低 PRF 雷达对弱目标的检测跟踪性能。

在 DP-TBD 算法应用于高 PRF 雷达和低 PRF 雷达的基础上，Zhang 等将 DP-TBD 算法的应用推广至中 PRF 雷达系统中。在其所提算法中，首先将模糊距离、模糊多普勒、模糊数等信息融入到目标运动模型中，然后利用 DP-TBD 算法实现在距离模糊和多普勒模糊均存在的情况下，实现对弱目标的有效检测和跟踪。随后，易伟等人在中 PRF 雷达系统中，利用多 PRF 技术，并将 DP-TBD 算法与解模糊算法进一步结合，提出了多种针对距离模糊和多普勒模糊同时存在情况下的求解算法，从检测性能、航迹跟踪质量和计算效率三个方面进一步改善了中 PRF 雷达系统对弱目标的检测跟踪能力。2023 年，李武军从动平台多帧联合积累、多重频多帧模糊求解、空中机动目标和编队目标检测跟踪等相关方面开展了研究工作，完善了机载雷达多帧 TBD 的理论和方法，给出了其工程应用的快速实现方法，并用仿真和雷达实测数据，对所提算法进行了验证。

2010年，Orlando等将DP-TBD算法应用至空时自适应处理（Space-Time Adaptive Processing，STAP）雷达中，针对帧与帧之间协方差矩阵非平稳和平稳两种场景，分别给出了基于广义似然比检验（Generalized Likelihood Ratio Test，GLRT）和ad hoc的两种检测器，并对两种算法的性能进行了评估。但在实际应用中，应用环境的先验知识对所提算法的有效实施至关重要，若未满足一些假设条件，使得算法中估计协方差矩阵与真实协方差矩阵不匹配，则将造成严重的性能损失。为了解决该问题，Jiang等提出一种针对STAP雷达的改进DP-TBD算法。该算法能够在没有环境先验知识的情况下，通过不包含目标信号的回波数据估计协方差矩阵，从而提升算法的检测跟踪性能。此外，Orlando等针对目标能量可能溢出到相邻距离单元的情况，提出了一种新的基于STAP雷达的DP-TBD算法。在协方差矩阵存在扰动的情形下，该算法具有恒定错误航迹接受率属性。

2015年，Zhang等和Gu等将DP-TBD算法应用于多输入多输出（Multiple-Input Multiple-Output，MIMO）雷达，实现了多通道多帧数据的能量积累。这些研究均是基于集中式处理方式，采用中心站完成全部数据的积累工作。虽然这种处理方式最大程度地保留了各雷达节点的目标信息，但是系统传输代价和中心站计算负荷也随之增大。2016年，Guo等提出一种基于分布式处理的多站DP-TBD算法，首先在各节点实施本地DP-TBD算法，其次将各节点获得的检测结果与目标航迹上传至中心站，最后由中心站对各节点获得的目标航迹进行关联融合，但是该方法性能的有效发挥是建立在各节点量测数据同步的假设条件上。2019年，王经鹤将DP-TBD技术与组网雷达系统（Netted Radar System，NRS）相结合，对NRS的弱目标检测跟踪问题进行了建模和相关理论分析，系统地研究了多雷达多帧数据积累问题、计算量剧增问题、网内雷达节点回波数据信息不一致等问题，提出了一系列有效的DP-TBD算法，并通过仿真验证了所提算法的性能。

针对OTH雷达系统，Shaw等于1995年提出将DP-TBD算法作为核心跟踪系统中的一个环节。该系统先对原始回波数据进行搜索以获得短航迹，然后将这些短航迹输入跟踪系统进行处理，形成长而连续的目标航迹，从而实现 OTH 雷达对弱目标的检测跟踪。多种实验条件下的测试结果均验证了所提算法具有良好的鲁棒性。范晓彦和周海峰等人从工程应用角度出发，分别提出了适用于 OTH 雷达系统的 DP-TBD 算法。与 DBT 算法相比，他们所提的算法有效提高了 OTH 雷达对弱目标的检测能力，并且计算复杂度低，易于工程实现。然而，OTH 雷达的实际应用背景十分复杂，面临着如电离层的非平稳性导致的目标和杂波谱展宽、目标参数随机变化、空海目标同时探测模式下的大量参数未知等问题，这些问题使 DP-TBD 算法在 OTH 雷达中的有效实施面临严峻挑战。目前对这些方面的研究还较少，还需要做进一步的理论研究和算法创新。

1.3.2 非高斯杂波背景下的 DP-TBD 算法

针对 DP-TBD 算法在非高斯杂波背景下检测跟踪性能较差的问题，郑岱堃等于 2016 年提出一种基于局部线性化的 DP-TBD 算法。该算法的检测统计量由对数条件概率比构成，在目标信号参数未知的条件下，先通过泰勒级数展开对检测统计量进行局部线性化近似，再根据杂波分布推导出次优检测统计量的迭代积累方程。此外，郑岱堃等还给出了 Rayleigh 分布、对数-正态分布、Weibull 分布和 K 分布四种非高斯分布杂波下的检测统计量具体形式，并通过仿真验证了相比传统 DP-TBD 算法，所提算法具有更优的检测跟踪性能。

2015 年，姜海超等对 G0 分布杂波背景下的 DP-TBD 算法进行了研究，推导了目标存在和不存在两种假设下基于幅度的概率密度函数（Probability Density Function，PDF），并利用近似方法推导出基于对数似然（Log-Likelihood，LL）和基于对数似然比（Log-Likelihood Ratio，LLR）的检测统计量。仿真证明了基于 LL 和基于 LLR 的 DP-TBD 算法在 G0 杂波环境下具有良好的检测跟踪性能。

在姜海超等的研究基础上，Guo 等和樊玲等结合 Swerling 0、Swerling 1 和 Swerling 3 型目标的特性，进一步研究了 DP-TBD 算法在 G0 分布杂波背景下的应用问题，推导了基于测量值 LLR 的检测统计量，并将其用于 DP-TBD 的积累过程中，取代了传统 DP-TBD 算法中基于幅度的检测统计量。多种仿真场景验证了所提算法可以显著提高雷达的检测性能。

Jiang 等借助知识辅助技术研究了 K 分布杂波背景下的 DP-TBD 算法，改善了雷达系统对长拖尾杂波背景下波动目标的检测性能。与传统的 DP-TBD 算法相比，所提算法能够有效提高 K 分布杂波背景下弱目标的检测性能。

上述文献对 DP-TBD 算法在几种典型非高斯杂波模型下的应用和改进作出了重要贡献。但是这些算法大多仅限于在地基雷达场景中应用。随着拟合长拖尾杂波的非高斯分布模型理论的发展与丰富，针对其他非高斯分布杂波背景，结合其他雷达体制特点，对 DP-TBD 算法做进一步的研究仍具有重要意义和实际工程应用价值。

1.3.3　基于相参积累的 DP-TBD 算法

传统 DP-TBD 算法基本上是一种基于非相参积累的方法，没有利用目标回波信号的相位信息，SNR 或 SCR 增益改善有限。近年来，越来越多的学者致力于研究与相参积累方法相结合的 DP-TBD 算法，以期将目标信号的相位信息和幅度信息都加以利用，从而进一步提升对弱目标的检测跟踪性能。

2017 年，易伟等提出了一种相参的多帧 DP-TBD 算法，该算法在极大似然框架下，将多帧检测问题转化为六维空间中的搜索优化问题，并提出一种次优求解算法来实现目标回波信号在帧内与帧间的相参积累。仿真结果表明，该算法的性能优于传统 DP-TBD 算法。然而，该算法没有考虑距离走动效应对算法相参性能的影响。此外，高维的搜索空间和待估参数也使该算法在向更高维空间的扩展中受到计算成本的限制。

为了改善距离走动效应对相参积累性能的不利影响，Gao 等提出一种基于 DP 的距离-速度域 TBD 算法。该算法首先利用 Radon 傅里叶变换（Radon Fourier Transform，RFT）来实现目标能量在帧内的积累，然后通过分析 RFT 输出特性，得到目标峰值在不同帧的位置转移关系和相位差变化，最后在此基础上，通过 DP-TBD 实现目标能量在帧间的相参积累。仿真结果证明，该算法可以有效地改善距离走动效应和过程噪声对相参积累的不利影响。

樊玲等提出了一种基于 DP 和离散调频傅里叶变换（Discrete Chirp-Fourier Transform，DCFT）的多帧相参积累 TBD 算法。该算法利用 DP 技术对位于不同距离单元和方位单元的状态进行搜索，采用 DCFT 构造检测统计量，对多帧回波能量进行相参积累，极大地优化了搜索过程，提高了计算效率和能量积累效率。

然而，上述算法都是基于帧到帧的处理流程，并不适用于脉冲到脉冲之间的处理。对此，陈帅霖等针对脉冲到脉冲的场景，提出了一种基于 DP 的加权自适应步长相参积累方法。该方法利用 DP 思想对目标的运动参数进行搜索和估计，避免了传统方法中计算量较大的参数估计过程，同时结合 DP 技术，在脉冲之间对距离走动和多普勒扩散进行补偿，从而实现脉冲之间的能量相参积累。仿真结果表明该算法能够沿着目标运动轨迹进行高效的能量积累。但是该算法很难应用于长时间观测场景中，因为该算法的计算效率与脉冲个数有关。对于实际应用中的长时间观测场景，上述基于相参积累的 DP-TBD 算法要么时间成本过高，要么检测跟踪性能还有待进一步的提升。因此，有必要对基于相参积累的 DP-TBD 算法做进一步的研究。

1.3.4 机动目标 DP-TBD 算法

传统 DP-TBD 算法的状态转移集合固定，其对机动目标的检测跟踪能力较差。为了提升 DP-TBD 算法对机动目标的检测跟踪性能，Yue 等[74]和 Li 等[75]将 DP 与卡尔曼滤波（Kalman Filter，KF）结合，利用 KF 的预测步骤来自适应地改变 DP 算法中的状态转移集合，从而达到检测和跟踪机动目标的目的。但是这些方法对目标运动模型的依赖性很强，然而在实际应用中，目标真实的运动情况通常是未知的。

为了求解上述问题，郑岱堃等[76]提出了一种改进的 DP-TBD 算法。该算法首先根据目标运动特性，定义了一种与目标转角有关的状态转移概率新模型，然后基于目标历史航迹，采用指数平滑预测方法估计候选目标的状态，最后将估计的状态代入状态转移概率新模型，调整 DP-TBD 算法的值函数。仿真结果表明，与传统算法相比，该算法对机动目标的检测跟踪性能有较大提升。

2019 年，郑岱堃等[77]将交互多模型（Interacting Multiple Model，IMM）算法与 DP-TBD 算法相结合，利用 IMM 算法对目标运动特征进行定量描述，同时引入概率 DP 的方法来寻找所有可能运动模型上的多帧检测统计量的最大期望，形成一个更为高效的 DP-TBD 算法。仿真结果表明，该算法对机动目标具有优异的检测和跟踪性能。此外，该算法的性能与模型个数有关，模型个数越多，算法性能越好，但与此同时，算法的计算量也将随之增加。

陈帅霖等[73,78]针对机动目标分别提出了基于相参积累和基于非相参积累的 DP-TBD 算法。这些算法在一定程度上改善了机动目标场景中距离走动、多普勒扩散、多普勒模糊、RCS 起伏等问题对检测跟踪性能的不利影响，而且无需目标运动模型等先验知识，无需对目标的高阶运动参数进行估计，且能够应对机动目标的任意运动，实现方式简单。仿真结果表明，所提算法对机动弱目标的检测跟踪效果明显优于其他传统算法。但是这些算法的计算成本与脉冲个数正相关，并且仅适用于脉冲到脉冲的场景，因此，很难在长时间观测场景下实时应用。所以针对机动目标的 DP-TBD 算法，仍需要在更多实际应用场景和系统实时性需求下，做进一步的研究。

1.4　本书的主要贡献

根据上述总结可知，DP-TBD 算法的性能，与实际应用场景和雷达任务需求密切相关。尽管目前 DP-TBD 算法已经有了较为完善的理论基础和较多的研究成果，但对于一些特定的环境或需求，现有研究仍然存在较大的改进或发展空间。对此，本书围绕雷达弱目标的检测问题，对 DP-TBD 算法的优化设计和改进展开了研究，主要取得的贡献和创新如下。

（1）针对传统 DP-TBD 算法中状态转移数难以恰当选取的问题，本书提出一种基于状态转移范围优化设计的改进 DP-TBD 算法。该算法利用目标在相邻两帧之间的最大速度变化量，来定量计算状态转移集合。该集合既能覆盖目标在观测时长内所有可能的运动状态，又避免了范围设置过大而导致性能损失和搜索资源浪费的问题。仿真结果表明，相较于传统 DP-TBD 算法，所提出的改进算法具有更好的检测跟踪性能。此外，算法在不同过程噪声功率谱密度条件下具有相近的性能，这也表明所提算法对目标受过程噪声扰动而发生的机动具有一定的适应能力，即算法具备稳健性。

（2）针对机载雷达非高斯杂波背景下的弱目标检测问题，本书建立了机载雷达系统下的目标运动模型、回波信号模型、K 分布杂波模型和具有逆高斯纹理的复合高斯（Compound Gaussian Model with Inverse Gaussian Texture，IGCG）分布的杂波模型和 TBD 框架下的问题模型。为了求解该问题，本研究根据 GLRT 准则，提出了基于非高斯杂波分布的 DP-TBD 算法。具体地，结合杂波分布的统计特征，分别推导了 K 分布杂波和 IGCG 分布杂波背景下的多帧检测统计量，并利用 DP 技术求解，从而形成了基于 K 分布杂波的 DP-TBD（DP-TBD Based on K-Distributed Clutter，K-DP-TBD）算法和基于 IGCG 分布杂波的 DP-TBD（DP-TBD Based on Compound Gaussian Clutter with Inverse Gaussian Texture，IGCG-DP-TBD）算法。仿真结果表明，相比于传统 DP-TBD 算法中的基于高斯杂波推导的检测统计量和基于幅度的检测统计量，所提算法能够有效提升机载雷达在非高斯杂波背景下对弱目标的检测跟踪性能。

（3）针对长时间观测背景下的弱目标检测问题，本书以 OTH 雷达同时探测空海目标的场景为例进行研究和说明。在 OTH 雷达应用中，为了在探测慢速海面目标的同时增强对空中弱目标的能量积累，并且为了节约雷达带宽资源和最大化利用时间资源，通常采用较长的观测时间对位于同一方位的空中目标和海面目标进行同时探测。由于观测高速的空中目标所需的 CIT 较短，因此在长时间观测中，空中目标的回波信号往往不是完全相参的。此外，空中目标的速度、所需

CIT、长时间内的距离走动效应、RCS 起伏等因素的不确定性，使得传统 DP-TBD 算法难以确定对空中目标进行检测所需的积累帧数，从而在长时间观测中无法发挥有效性。为了改善该情形下弱目标的检测跟踪性能，本书首先建立了该研究背景下的回波信号模型和 TBD 框架下的问题模型，然后设计了一种基于运动约束的 DP-TBD（DP-TBD Based on Kinematic Constraint，KC-DP-TBD）算法。该算法结合了相参积累和非相参积累的方法，适用于长时间观测背景下的运动弱目标检测。具体而言，为了保证相参积累的稳健性，该算法利用目标的最大速度来确定目标最短的相参积累时间。然后，以最短相参积累时间为间隔，将长时间的回波数据划分为多个虚拟帧，并利用 MTD 算法对每个虚拟帧内的回波数据进行相参积累。最后，在各虚拟帧的相参积累结果基础上，利用 DP-TBD 技术实现虚拟帧间的非相参积累。仿真实验验证了所提算法能够有效地实现 OTH 雷达在长时间观测背景下对空中弱目标的检测与跟踪。

（4）在上一点的研究基础上，本书提出了另一种结合相参积累与非相参积累的 DP-TBD 算法，即基于多通道的 DP-TBD（DP-TBD Based on Multiple Channels，MC-DP-TBD）算法，以进一步改善长时间观测背景下弱目标的检测跟踪性能。首先，该算法利用更多的目标运动约束条件，根据目标的速度对其进行分类（如高速目标、中速目标和低速目标）。其次，对应不同的速度分类，设计了多个并行处理通道，分别在每个通道中进行长时间回波数据的虚拟帧划分、虚拟帧内的相参积累和虚拟帧间的非相参积累。最后，将各通道的处理结果进行综合，以进行检测判决，并输出最终的检测结果和航迹估计。与 KC-DP-TBD 算法相比，MC-DP-TBD 算法的处理过程更加精细化。仿真结果表明，相较于 KC-DP-TBD 算法，MC-DP-TBD 算法能够获得更优的检测跟踪性能。

（5）针对长时间观测背景下机动目标的检测问题，本书提出了一种基于混合积累的 DP-TBD（DP-TBD Based on Hybrid Integration，HI-DP-TBD）算法。在该算法中，首先根据目标的最大速度将长时间的回波数据划分为多个虚拟帧，再利用目标的最大加速度，将虚拟帧进一步划分为多个虚拟子帧。然后，设计了一种混合相参积累与非相参积累的检测统计量，并利用 DP 技术沿着目标可能的航迹，对回波数据进行虚拟子帧内的相参积累、虚拟子帧间的相参积累和虚拟帧间的非相参积累，同时完成目标的检测和航迹估计。仿真实验验证了所提算法的有效性，以及对目标不同机动特性的适应性，并证明了算法具有可接受的计算复杂度。

第2章 基于状态转移范围优化设计的DP-TBD算法

2.1 引言

传统 DBT 算法由门限检测和跟踪两个过程构成，在这种处理方法中，SNR 或 SCR 较低的弱目标易因难以通过单帧检测门限而被杂波或噪声所掩盖，从而导致漏检等问题。因此，DBT 算法并不适用于雷达对弱目标的检测和跟踪。近年来，随着 TBD 技术的发展，雷达对弱目标的检测能力有了一定的提高。在众多 TBD 的实现方法中，DP-TBD 算法已成为雷达弱目标检测领域的主流技术和研究热点。

本章将首先对雷达系统下的检测问题进行建模。然后，将分别介绍 TBD 算法的基本原理和动态规划的基本理论。随后，展开介绍 DP-TBD 算法，并利用仿真实验对算法性能进行验证。最后，针对传统 DP-TBD 算法在实际应用中需要预设状态转移数但其难以恰当选取的问题，基于状态转移范围的优化设计，提出一种改进的 DP-TBD 算法，旨在进一步提升雷达对弱目标的检测跟踪性能。

2.2 系统模型描述

2.2.1 目标运动模型

考虑一个在 s 维空间中运动的目标，记其在第 k（$k=1, 2, \cdots, K$）个时刻的运动状态为 $\boldsymbol{x}_k \in \mathbb{R}^{s\times 1}$，由目标的位置、速度等运动参数构成。$K$ 为观测总时刻数。$\mathbb{R}^{s\times 1}$ 为目标在某一时刻的状态空间。假

设目标的运动服从一阶马尔科夫过程，其运动模型可以表示为

$$\boldsymbol{x}_k = f(\boldsymbol{x}_{k-1}, \boldsymbol{w}_k^{(1)}, T_R) \tag{2-1}$$

式中，$\boldsymbol{w}_k^{(1)}$ 为过程噪声；T_R 为两个时刻的时间间隔；$f(\cdot)$ 为目标的运动方程。当目标在 X-Y 二维平面做近似匀速直线运动时，式（2-1）可以写为

$$\boldsymbol{x}_k = \boldsymbol{F}\boldsymbol{x}_{k-1} + \boldsymbol{w}_k^{(1)} \tag{2-2}$$

式中，$\boldsymbol{x}_k = (x_k, \dot{x}_k, y_k, \dot{y}_k)^{\mathrm{T}} \in \mathbb{R}^{4\times1}$；$x_k$ 和 y_k 分别为目标在 X、Y 维的位置；$\dot{x}_k$ 和 $\dot{y}_k$ 分别为目标在 X、Y 维的速度；$\boldsymbol{F}$ 为目标状态转移矩阵。$\boldsymbol{F}$ 如式（2-3）所示

$$\boldsymbol{F} = \boldsymbol{I}_2 \otimes \begin{bmatrix} 1 & T_R \\ 0 & 1 \end{bmatrix} \tag{2-3}$$

式中，$\boldsymbol{I}_2$ 为二阶单位矩阵。

2.2.2 回波信号模型

用 $\boldsymbol{Z}_k$ 表示第 k 个时刻雷达接收到回波数据，也称为第 k 帧回波数据。为方便描述，以二维回波数据平面为例进行说明（当回波数据包含其他维度信息时，在相应维度上对 $\boldsymbol{Z}_k$ 进行拓展即可）。假设回波数据平面有 $N_x \times N_y$ 个分辨单元，则 $\boldsymbol{Z}_k$ 可以表示为一个二维矩阵

$$\boldsymbol{Z}_k = \begin{bmatrix} \boldsymbol{Z}_k[1, 1] & \cdots & \boldsymbol{Z}_k[1, j] & \cdots & \boldsymbol{Z}_k[1, N_y] \\ \vdots & \ddots & \vdots & \ddots & \vdots \\ \boldsymbol{Z}_k[i, 1] & \cdots & \boldsymbol{Z}_k[i, j] & \cdots & \boldsymbol{Z}_k[i, N_y] \\ \vdots & \ddots & \vdots & \ddots & \vdots \\ \boldsymbol{Z}_k[N_x, 1] & \cdots & \boldsymbol{Z}_k[N_x, j] & \cdots & \boldsymbol{Z}_k[N_x, N_y] \end{bmatrix} \in \mathbb{C}^{N_x \times N_y} \tag{2-4}$$

式中，$\boldsymbol{Z}_k[i, j]$ 为第 k 个时刻第 $[i, j]$ 个单元上的回波数据；$i = 1, 2, \cdots, N_x$；$j = 1, 2, \cdots, N_y$；N_x 和 N_y 分别为 X、Y 维的分辨单元个数。

分别用 H_0 和 H_1 表示目标不存在和存在的场景，则 $\boldsymbol{Z}_k[i, j]$ 可以表示为

$$\begin{cases} H_0: \boldsymbol{Z}_k[i, j] = \boldsymbol{w}_k^{(2)}[i, j] \\ H_1: \boldsymbol{Z}_k[i, j] = A_k \mathrm{e}^{j\theta_k} + \boldsymbol{w}_k^{(2)}[i, j] \end{cases} \tag{2-5}$$

式中，$\boldsymbol{w}_k^{(2)}[i, j]$ 为接收机噪声，假设其为零均值、方差为 η^2 的复高斯白噪声，即 $\boldsymbol{w}_k^{(2)}[i, j] \sim CN(0, \eta^2)$；$A_k$ 为目标信号在第 k 时刻的幅度；θ_k 为目标信号在第 k 时刻的相位，假设其为服从 $(0, 2\pi]$ 内均匀分布的随机变量；e 为自然常数；j 为虚数单位。

2.3　检测前跟踪算法基本原理

TBD 算法不对单帧的回波数据进行门限检测，而是联合利用多帧回波数据计算多帧联合检测统计量，将多帧联合检测统计量与检测门限进行比较，在获得检测结果的同时输出目标的估计航迹。相比于 DBT 算法，TBD 算法具有如下优势和特点。

（1）由于 TBD 算法不对单帧回波数据做门限处理，所以在最大程度上保留了目标信息，能够在一定程度上避免漏检情况的发生。

（2）在时间维度上，目标的运动特性使得目标的回波数据在多帧之间具有一定的运动相关性，而杂波和噪声在多帧之间通常是随机的。TBD 算法正是利用目标和杂波、噪声在多帧回波数据之间的这种差异性，来实现目标能量的积累，同时抑制杂波和噪声能量，从而提升 SNR 或 SCR，改善雷达对弱目标的检测性能。

（3）TBD 算法通过联合处理多帧回波数据，可以实现目标回波信息在时间维上的互补，如 RCS 起伏导致的目标回波强度随时间变化，从而提高雷达对目标检测和跟踪的稳健性。

目标的检测和跟踪问题在 TBD 框架下可以建模为如下形式

$$\max_{\boldsymbol{X}_{1:K} \in \mathbb{R}^{s \times K}} T(\boldsymbol{Z}_{1:K} \mid \boldsymbol{X}_{1:K}) \underset{H_0}{\overset{H_1}{\gtrless}} \gamma \tag{2-6}$$

$$\hat{\boldsymbol{X}}_{1:K} = \arg \max_{\boldsymbol{X}_{1:K} \in \mathbb{R}^{s \times K}} T(\boldsymbol{Z}_{1:K} \mid \boldsymbol{X}_{1:K}), \quad \text{s. t. } H_1 \tag{2-7}$$

式中，$T(\cdot)$ 为检测统计量；K 为 TBD 算法联合处理帧数；$\boldsymbol{Z}_{1:K} = \{\boldsymbol{Z}_1, \boldsymbol{Z}_2, \cdots, \boldsymbol{Z}_K\}$ 为联合处理的 K 帧回波数据集合；$\boldsymbol{X}_{1:K} = \{\boldsymbol{x}_1,$

$\boldsymbol{x}_2$，…，$\boldsymbol{x}_K\}$ 为目标的真实航迹；$\hat{\boldsymbol{X}}_{1:K}=\{\hat{\boldsymbol{x}}_1, \hat{\boldsymbol{x}}_2, \cdots, \hat{\boldsymbol{x}}_K\}$ 为目标的估计航迹；γ 为检测门限。

式（2-6）和式（2-7）中包含高维最优化问题，可以采用一些最优化算法进行求解，如拟牛顿、粒子滤波、动态规划等。求解该问题的关键是求解检测统计量 $T(\cdot)$。$T(\cdot)$ 的具体表达式应能体现出目标与杂波、噪声在能量、位置相关性等方面的差异。根据 TBD 算法实现方式和应用场景的不同，$T(\cdot)$ 可以采用不同的形式。例如，在 DP-TBD 算法中，可以采用多帧联合后验概率、多帧似然比作为检测统计量，但当目标回波分布或杂波分布未知时，通常采用回波数据的幅度或幅度平方作为检测统计量。

2.4 动态规划基本理论

动态规划是求解多阶段决策过程最优化问题的一种数学方法，隶属于运筹学的一个分支，由美国数学家 Bellman 等于 20 世纪 50 年代初提出和创立。考虑这样一个问题：对于某类活动的过程，假设根据其某种特殊性可以将其划分为若干个互相联系的阶段，需要在每一个阶段做出决策，从而使整个过程达到最好的活动效果。对于该问题，各个阶段的决策既依赖于当前状态，又影响后续阶段。当各个阶段的决策确定后，就组成了一个决策序列，整个过程的一条活动路线也随之确定。这种前后关联、具有链状结构的多阶段过程，被称为多阶段决策过程，这种决策问题被称为多阶段决策问题。在多阶段决策问题中，各个阶段采取的决策一般与时间有关，并且决策既依赖于当前状态，又会引起状态的转移，所以一个决策序列是在变化的状态中产生出来的，故有“动态”的含义，故称这种解决多阶段决策最优化问题的方法为动态规划方法。

以求解最短路径问题为例来说明动态规划的具体求解过程。如图 2-1 所示，从起点 A 到终点 D 有多条路径，要寻求其中距离最短的一条路径。为了方便描述，将 A 到 D 之间的路径划分为 3 个阶段，分别用 k_1，k_2 和 k_3 表示，其中 k_1 阶段的支路有：$A \rightarrow B_1$、$A \rightarrow B_2$、$A \rightarrow$

B_3，k_2 阶段的支路有：$B_1 \to C_1$、$B_1 \to C_2$、$B_2 \to C_1$、$B_2 \to C_2$、$B_3 \to C_1$、$B_3 \to C_2$，k_3 阶段的支路有：$C_1 \to D$、$C_2 \to D$。相邻两个节点之间连线上的数字表示支路的距离，用 d 表示，如节点 A 到节点 B_1 之间的支路距离表示为 $d(AB_1)=4$。用 $L_{k_i}(\cdot)$ 表示起点 A 到 k_i（$i=1, 2, 3$）阶段末端节点之间的最短距离。

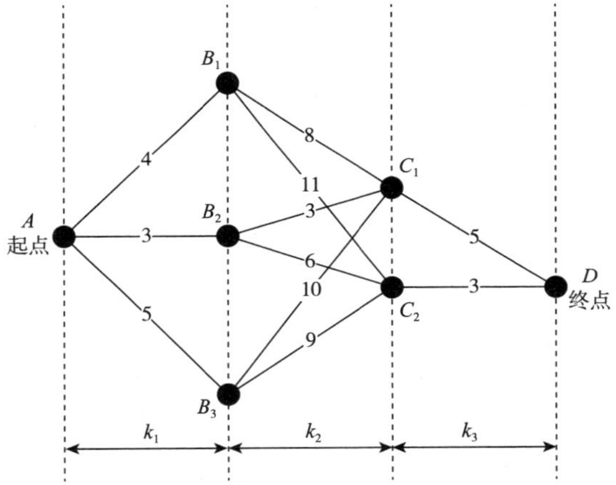

图 2-1　动态规划求解过程

该问题可采用顺序递推方法进行求解，过程如下。

步骤 1：对 k_1 阶段有

$$L_{k_1}(B_1) = d(AB_1) = 4 \tag{2-8}$$

$$L_{k_1}(B_2) = d(AB_2) = 3 \tag{2-9}$$

$$L_{k_1}(B_3) = d(AB_3) = 5 \tag{2-10}$$

步骤 2：对 k_2 阶段有

$$\begin{aligned} L_{k_2}(C_1) &= \min\begin{Bmatrix} d(B_1C_1) + L_{k_1}(B_1),\ d(B_2C_1) + L_{k_1}(B_2), \\ d(B_3C_1) + L_{k_1}(B_3) \end{Bmatrix} \\ &= \min\{8+4,\ 3+3,\ 10+5\} \\ &= 6 \end{aligned} \tag{2-11}$$

由（2-11）可得，从起点 A 到节点 C_1 的最短路径为：$A \to B_2 \to C_1$，最短距离为 6。同理可得

$$\begin{aligned} L_{k_2}(C_2) &= \min\left\{ \begin{matrix} d(B_1C_2) + L_{k_1}(B_1),\ d(B_2C_2) + L_{k_1}(B_2), \\ d(B_3C_2) + L_{k_1}(B_3) \end{matrix} \right\} \\ &= \min\{11 + 4,\ 6 + 3,\ 9 + 5\} \\ &= 9 \end{aligned} \tag{2-12}$$

由此可得，从起点 A 到节点 C_2 的最短路径为：$A \to B_2 \to C_2$，最短距离为 9。

步骤 3：对 k_3 阶段有

$$\begin{aligned} L_{k_3}(D) &= \min\{d(C_1D) + L_{k_2}(C_1),\ d(C_2D) + L_{k_2}(C_2)\} \\ &= \min\{5 + 6,\ 3 + 9\} \\ &= 11 \end{aligned} \tag{2-13}$$

由此可得，从起点 A 到终点 D 的最短路径为：$A \to B_2 \to C_1 \to D$，最短距离为 11。

上述问题也可采用逆序递推方法求解，具体过程就不再赘述，感兴趣的读者朋友们可以自行推导。对于该问题，若采用传统的穷举法，则需要计算由起点 A 到终点 D 之间 6 条路径的距离，再从中选出距离最短的一条路径，其中每条路径需要进行 2 次加法运算，故穷举法共需要进行 12 次加法运算。而 DP 算法将 A 到 D 划分为 3 个阶段，在每一阶段求解和保留起点 A 到当前阶段末端节点的最短距离和节点，依次递推到终点 D，即得全局最短距离和路径。如上述 DP 求解过程，共进行了 8 次加法运算。显然，穷举法计算量大，搜索效率低，而 DP 算法大大减小了计算量。

2.5 DP-TBD 算法

根据 2.4 节所述的 DP 基本理论，2.3 节中表述的 TBD 框架下的检测和跟踪问题，即式（2-6）和式（2-7），可以看作是一个多阶段

的决策优化问题。具体而言，该问题可以类比为一个求解最大路径问题，所以可以用 2.4 节所述的 DP 算法进行求解，从而形成 DP-TBD 算法。

2.5.1 算法流程

DP-TBD 算法在对状态空间进行离散化后，执行如下步骤。

步骤 1：初始化。当 $k=1$ 时，对所有离散状态 $\bar{\boldsymbol{x}}_1 \in \overline{\mathbb{R}}^{s\times 1}$ ，有

$$I(\bar{\boldsymbol{x}}_1)=T(\boldsymbol{Z}_1 \mid \bar{\boldsymbol{x}}_1) \tag{2-14}$$

$$\Psi(\bar{\boldsymbol{x}}_1)=0 \tag{2-15}$$

式中，$\overline{\mathbb{R}}^{s\times 1} \subset \mathbb{R}^{s\times 1}$ 为离散状态空间；$I(\bar{\boldsymbol{x}}_k)$ 为状态 $\bar{\boldsymbol{x}}_k$ 对应的值函数；$T(\boldsymbol{Z}_k \mid \bar{\boldsymbol{x}}_k)$ 为单帧的检测统计量；$\Psi(\cdot)$ 用以记录状态在帧间的转移关系。

步骤 2：迭代积累。当 $2 \leqslant k \leqslant K$ 时，对所有离散状态 $\bar{\boldsymbol{x}}_k \in \overline{\mathbb{R}}^{s\times 1}$ ，进行如下计算

$$I(\bar{\boldsymbol{x}}_k)=T(\boldsymbol{Z}_k \mid \bar{\boldsymbol{x}}_k)+\max_{\bar{\boldsymbol{x}}_{k-1}\in\zeta(\bar{\boldsymbol{x}}_k)} I(\bar{\boldsymbol{x}}_{k-1}) \tag{2-16}$$

$$\Psi(\bar{\boldsymbol{x}}_k)=\arg\max_{\bar{\boldsymbol{x}}_{k-1}\in\zeta(\bar{\boldsymbol{x}}_k)} I(\bar{\boldsymbol{x}}_{k-1}) \tag{2-17}$$

式中，$\zeta(\bar{\boldsymbol{x}}_k)$ 为 $k-1$ 时刻的状态转移集合，根据目标的运动特性，位于该集合内的状态，能够在下一时刻（即 k 时刻）转移到状态 $\bar{\boldsymbol{x}}_k$ 。记状态转移集合的大小为 q ，称为状态转移数。在 DP-TBD 算法中，常用的状态转移数为 4、9、16、25。例如，当目标在 X-Y 二维平面运动时，$\bar{\boldsymbol{x}}_k=(\bar{x}_k,\ \bar{\dot{x}}_k,\ \bar{y}_k,\ \bar{\dot{y}}_k)^{\mathrm{T}} \in \overline{\mathbb{R}}^{4\times 1}$ ，其中 $\bar{x}_k$ ，$\bar{y}_k$ ，$\bar{\dot{x}}_k$ ，$\bar{\dot{y}}_k$ 均为整数，且有：$\bar{x}_k \in [1,\ N_x]$ ，$\bar{y}_k \in [1,\ N_y]$ ，$\bar{\dot{x}}_k \in [-M_x/2,\ M_x/2]$ ，$\bar{\dot{y}}_k \in [-M_y/2,\ M_y/2]$ ；M_x 、M_y 分别为 X、Y 维离散的速度单元个数。则 $\zeta(\bar{\boldsymbol{x}}_k)$ 可表示为

$$\zeta(\bar{\boldsymbol{x}}_k)=\Big\{(\bar{x}_k-\bar{\dot{x}}_k+\delta_x,\ \bar{\dot{x}}_k-\delta_x,\ \bar{y}_k-\bar{\dot{y}}_k+\delta_y,\ \bar{\dot{y}}_k-\delta_y)^{\mathrm{T}}; \\ \delta_x,\ \delta_y=1,\ 2,\ \cdots,\ \sqrt{q}\Big\} \tag{2-18}$$

步骤 3：门限判决。当 $k=K$ 时，执行如下运算

$$\hat{\bar{x}}_k = \arg \max_{\bar{x}_K \in \mathbb{R}^{s\times 1}} I(\bar{x}_K) \quad \text{s. t.} \max I(\bar{x}_K) > \gamma \tag{2-19}$$

若满足式（2-19）中条件，则宣布目标存在并执行下一步骤；否则，宣布目标不存在，算法在此结束。

步骤 4：航迹回溯。令 $k = K - 1, K - 2, \cdots, 1$，执行如下运算

$$\hat{\bar{x}}_k = \Psi(\bar{x}_{k+1}) \tag{2-20}$$

最终得到目标的离散估计航迹：$\hat{\bar{X}}_{1:K} = \{\hat{\bar{x}}_1, \hat{\bar{x}}_2, \cdots, \hat{\bar{x}}_K\}$。

2.5.2 仿真实验与讨论

本节对 DP-TBD 算法进行仿真实验，并对仿真结果进行讨论。仿真场景为常规陆基雷达对单目标进行检测和跟踪，目标做近似匀速直线运动。仿真参数如下：扫描周期 $T_R = 1$ 秒，量测平面大小为 50 单元×50 单元，目标初始位置为（5 单元，5 单元），初始速度为（1.2 单元/秒，1.6 单元/秒），最大速度为（2 单元/秒，2 单元/秒），过程噪声为零均值、协方差矩阵为 $\boldsymbol{Q}$ 的高斯白噪声，其中

$$\boldsymbol{Q} = \boldsymbol{I}_2 \otimes \begin{bmatrix} T_R^3 q_s^2/3 & T_R^2 q_s^2/2 \\ T_R^2 q_s^2/2 & T_R q_s^2 \end{bmatrix} \tag{2-21}$$

式中，q_s 为过程噪声功率谱密度，仿真中设置 $q_s = 0.01$ 或 $q_s = 0.1$。DP-TBD 算法中，状态转移数设置为 $q = 16$ 或 $q = 25$，检测统计量为回波数据的幅度。利用 $100/P_{fa}$ 次蒙特卡洛仿真得到检测门限 γ，其中虚警概率 $P_{fa} = 10^{-3}$。仿真中用航迹检测概率来评估算法的性能，用 $P_{d,\text{track}}$ 表示，其被定义为：最终的积累值函数超过检测门限，且目标的估计位置与真实位置之间的误差在给定范围内的概率。$P_{d,\text{track}}$ 这一指标反映了算法对目标检测和跟踪的综合能力。下面将从积累帧数和状态转移范围两个因素入手，讨论其对算法性能的影响情况。

1. 积累帧数对算法性能的影响

当 SNR = 8 dB, q_s = 0.01, q = 16 时，DP-TBD 算法在积累帧数 K 取不同值时的值函数示意图如图 2-2 所示。从图 2-2（a）可以看出，当 K = 1（即单帧数据不进行积累）时，目标淹没在噪声中。随着 K 值的增加，目标所在位置的值函数逐渐高于周围纯噪声区域的值函数，从而逐渐凸显出来。当 K 达到 10 帧和 15 帧时，目标所在位置的值函数成山峰状，很容易从周围噪声背景中凸显出来。这表明，通过多帧回波数据的联合积累，DP-TBD 算法能够有效对目标能量进行积累，改善 SNR，从而实现对弱目标的检测与跟踪。

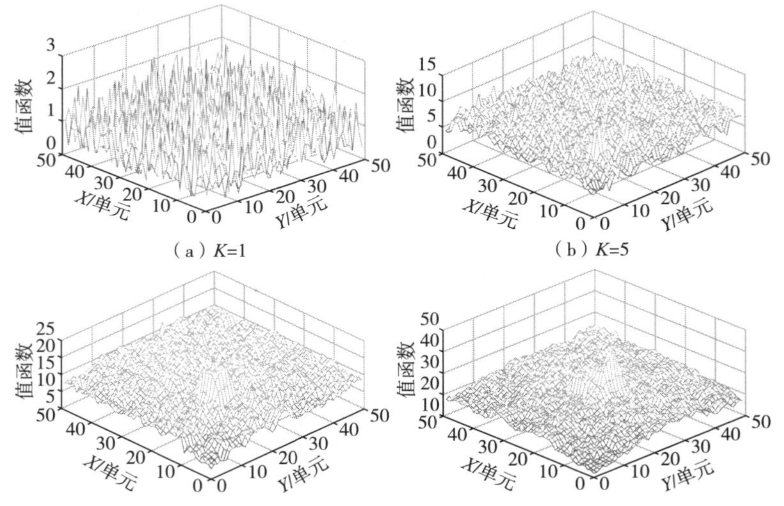

（a）K=1　（b）K=5

（c）K=10　（d）K=15

图 2-2　DP-TBD 算法值函数示意图

注：SNR = 8 dB，q_s = 0.01，q = 16

当 q_s = 0.01 时，DP-TBD 算法和单帧检测（Single-Frame Detection，SFD）算法在不同 SNR 下的 $P_{d,\text{track}}$ 曲线对比图如图 2-3 所示，其中 DP-TBD 算法的 q = 25。从图 2-3 中可以看出，联合处理多帧回波数据的 DP-TBD 算法比 SFD 算法对弱目标具有更好的检测跟踪性能。例如，当 $P_{d,\text{track}}$ = 0.9 时，积累 5 帧到 15 帧的 DP-TBD 算法相对 SFD

算法有约 4 dB 到 5 dB 的 SNR 改善。对于 DP-TBD 算法，仿真结果表明，随着积累帧数的增加，算法对目标的检测跟踪性能也随之提升。例如，当 $P_{d,\mathrm{track}}=0.9$ 时，DP-TBD 算法在联合处理帧数 $K=10$ 时比 $K=5$ 时有约 0.5 dB 的性能改善，在 $K=15$ 时比 $K=10$ 时有约 0.2 dB 的性能改善。这是因为随着积累帧数的增加，DP-TBD 算法可利用的目标回波信息也增多，所以经过 DP-TBD 算法多帧处理后，SNR 的改善也随之提升。此外需要说明的是，由于该仿真中 DP-TBD 算法采用的是基于幅度的检测统计量，所以仅对目标的幅度信息进行了积累，算法实质上是一种非相参积累方法，故积累增益是非线性的。

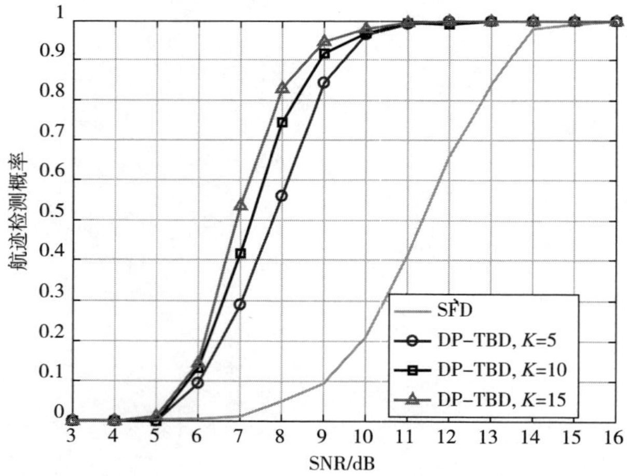

图 2-3　DP-TBD 与 SFD 算法的航迹检测概率随 SNR 变化曲线

2. 状态转移范围对算法性能的影响

当 $K=15$ 时，在不同的过程噪声功率谱密度 q_s 和状态转移数 q 下，DP-TBD 算法的 $P_{d,\mathrm{track}}$ 随 SNR 变化曲线如图 2-4 所示，其中图 2-4（a）为 $q=25$ 时，不同 q_s 条件下的 $P_{d,\mathrm{track}}$ 曲线，图 2-4（b）为 $q=16$ 时，不同 q_s 条件下的 $P_{d,\mathrm{track}}$ 曲线，图 2-4（c）为 $q_s=0.01$ 时，不同 q 条件下的 $P_{d,\mathrm{track}}$ 曲线，图 2-4（d）为 $q_s=0.1$ 时，不同 q 条件下的 $P_{d,\mathrm{track}}$ 曲线。

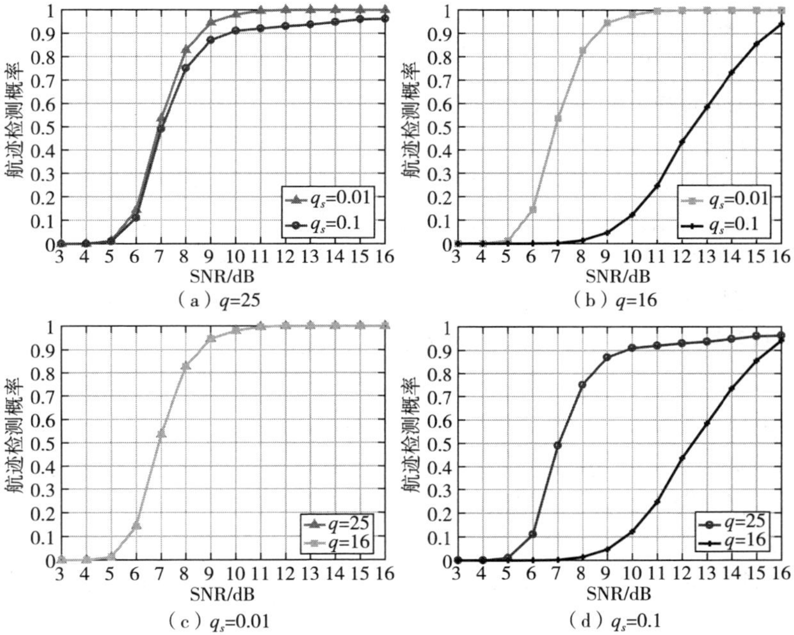

图 2-4　不同状态转移数 q 和不同过程噪声功率谱密度 q_s 条件下的 DP-TBD 算法航迹检测概率随 SNR 变化曲线

由图 2-4（a）和图 2-4（b）可以看出，在同一状态转移数 q 下，DP-TBD 算法的性能随着过程噪声功率谱密度 q_s 的增加而降低。当 q 较小时，DP-TBD 算法在不同 q_s 背景下的性能差异较大。例如，当 SNR = 11 dB 时，如图 2-4（a）所示，q = 25 的算法在两种 q_s 条件下，航迹检测概率相差约 0.1；而如图 2-4（b）所示，q = 16 的算法在两种 q_s 条件下，航迹检测概率相差约 0.75。这是因为 q_s 的增加意味着目标的额外机动性增强，即目标实际运动轨迹与匀速直线运动模型偏差增大，所以当预设的状态转移数 q 较小时，目标在相邻两帧之间的实际状态转移范围可能超过了预设的状态转移范围，使得目标的能量没有被准确积累，从而造成检测跟踪性能下降。

由图 2-4（c）可以看出，当过程噪声功率谱密度 q_s 较小时，算法的航迹检测概率在状态转移数 $q = 25$ 和 $q = 16$ 时几乎相同。而由图 2-4（d）可以看出，当过程噪声功率谱密度 q_s 较大时，算法的性能随着状态转移数 q 的增大而有所提升。这是因为当目标的额外机动性越强时，状态转移数越大，意味着状态搜索范围越大，其覆盖目标运动状态的完备性越强，故检测性能会有所增加。但另一方面，状态转移范围的增加也会使算法的搜索时间增加。

综上所述，状态转移范围的大小对 DP-TBD 算法的检测跟踪性能有一定程度的影响，一般情况下，状态转移范围越大，意味着算法覆盖目标实际运动航迹的区域越大，对目标额外的机动性适应能力更强，从而在一定程度上能够提升算法的检测跟踪性能。但另一方面，状态转移范围越大，算法的搜索区域增大，计算成本显然也会随之增加。此外，状态转移范围的增加也意味着搜索区域包含的噪声状态也增多。如果状态转移范围内某些噪声的幅度强于目标幅度，那么实际能量积累过程中噪声的能量也会在一定程度上被积累，从而影响算法的性能。由此，状态转移范围的合理设置对算法的性能具有重要影响。

2.6 改进的 DP-TBD 算法

根据 2.5.2 节的仿真结果与讨论可知，状态转移范围的合理设置对 DP-TBD 算法的性能具有重要影响。由式（2-18）可知，传统 DP-TBD 算法中状态转移范围的确定需要对状态转移数 q 进行预设。但在实际应用中，q 值的恰当选取是存在一定难度的。为了进一步提升 DP-TBD 算法的实用性和检测跟踪性能，本节基于状态转移范围的优化设计，提出一种改进的 DP-TBD 算法。具体地，由于目标受惯性、自身物理、材料等属性的约束，目标在相邻时刻之间的速度变化量（加速度）通常有一个上限，假设该上限已知且不为零，记为 $a_{\max}$。该值可通过电子战技术获取，那么就可以利用该先验知识，求得较为精确的状态转移范围，从而既保证目标的运动状态不会超出算法搜索范围，又避免状态转移范围过大的情况出现。以目标运动在 $X-Y$ 二维平面为例，在 2.6.1 节给出了改进的 DP-TBD 算法具体流程。

2.6.2 节和 2.6.3 节分别通过仿真数据和实测数据对改进 DP-TBD 算法的性能进行了验证。

2.6.1　算法流程

步骤 1：初始化。当 $k=1$ 时，对所有离散状态 $\bar{\boldsymbol{x}}_1 \in \overline{\mathbb{R}}^{4\times1}$，有

$$I(\bar{\boldsymbol{x}}_1)=T(\boldsymbol{Z}_1 \mid \bar{\boldsymbol{x}}_1) \tag{2-22}$$

$$\boldsymbol{\Psi}(\bar{\boldsymbol{x}}_1)=0 \tag{2-23}$$

式中，离散状态空间 $\overline{\mathbb{R}}^4$ 由 $N_x \times M_x \times N_y \times M_y$ 个单元构成。

步骤 2：迭代积累。当 $2 \leqslant k \leqslant K$ 时，对所有离散状态 $\bar{\boldsymbol{x}}_k \in \overline{\mathbb{R}}^{s\times1}$，进行如下计算

$$I(\bar{\boldsymbol{x}}_k)=T(\boldsymbol{Z}_k \mid \bar{\boldsymbol{x}}_k)+\max_{\bar{\boldsymbol{x}}_{k-1}\in\zeta(\bar{\boldsymbol{x}}_k)} I(\bar{\boldsymbol{x}}_{k-1}) \tag{2-24}$$

$$\boldsymbol{\Psi}(\bar{\boldsymbol{x}}_k)=\arg\max_{\bar{\boldsymbol{x}}_{k-1}\in\zeta(\bar{\boldsymbol{x}}_k)} I(\bar{\boldsymbol{x}}_{k-1}) \tag{2-25}$$

式中，$\zeta(\bar{\boldsymbol{x}}_k)$ 由下式计算

$$\zeta(\bar{\boldsymbol{x}}_k)=\left\{(\bar{x}_k-\delta_x,\ \delta_x,\ \bar{y}_k-\delta_y,\ \delta_y)^{\mathrm{T}};\ \delta_x\in\zeta_V(\bar{\dot{x}}_k),\ \delta_y\in\zeta_V(\bar{\dot{y}}_k)\right\} \tag{2-26}$$

式中，$\zeta_V(\bar{\dot{x}}_k)$ 和 $\zeta_V(\bar{\dot{y}}_k)$ 分别为目标在 X、Y 维的速度转移集合，计算方式如下

$$\zeta_V(\bar{\dot{x}}_k)=\{\bar{\dot{x}}_k-\bar{a}_{x,\max}:\ \bar{\dot{x}}_k+\bar{a}_{x,\max}\} \tag{2-27}$$

$$\zeta_V(\bar{\dot{y}}_k)=\{\bar{\dot{y}}_k-\bar{a}_{y,\max}:\ \bar{\dot{y}}_k+\bar{a}_{y,\max}\} \tag{2-28}$$

式中，$\bar{a}_{x,\max}$ 和 $\bar{a}_{y,\max}$ 分别为目标在离散状态空间中关于 X、Y 方向上的最大加速度。

步骤 3：门限判决。当 $k=K$ 时，执行如下运算

$$\begin{gathered}\hat{\bar{\boldsymbol{x}}}_K=\arg\max_{\bar{\boldsymbol{x}}_K\in\overline{\mathbb{R}}^{s\times1}} I(\bar{\boldsymbol{x}}_K)\\ \text{s.t.}\ \max I(\bar{\boldsymbol{x}}_K)>\gamma\end{gathered} \tag{2-29}$$

若满足式（2-29）中的条件，则宣布目标存在并执行下一步骤；否则，宣布目标不存在，算法在此结束。

步骤 4：航迹回溯。令 $k=K-1,\ K-2,\ \cdots,\ 1$，执行如下运算

$$\hat{\hat{\boldsymbol{x}}}_k = \boldsymbol{\Psi}(\bar{\boldsymbol{x}}_{k+1}) \tag{2-30}$$

最终得到目标的离散估计航迹：$\hat{\hat{\boldsymbol{X}}}_{1:K} = \{\hat{\boldsymbol{x}}_1, \hat{\boldsymbol{x}}_2, \cdots, \hat{\boldsymbol{x}}_K\}$ 。

与传统 DP-TBD 算法相比，由式（2-26）~式（2-28）可以看出，在改进的 DP-TBD 算法中，状态转移集合是依据目标运动约束条件（最大加速度）设置的，对目标运动状态具有更广的覆盖能力和适应性，保证了目标状态不会落在状态转移集合以外，从而减少了漏检的可能性。同时，这种设置方法也避免了传统 DP-TBD 算法中当状态转移数设置过大时，一些转移概率极低的状态搜索，可以有效提高算法检测性能。

2.6.2　仿真结果

本节使用仿真实验数据对所提改进 DP-TBD 算法的性能进行验证。采用传统 DP-TBD 算法作为对比算法。仿真场景和参数设置同 2.5.2 节一致，此外设置 $\bar{a}_{x,\max} = \bar{a}_{y,\max} = 1$ 单元/s^2。两种算法的积累帧数均为 15，传统 DP-TBD 算法中的状态转移数 q 为 25。改进 DP-TBD 算法和传统 DP-TBD 算法的 $P_{d,\text{track}}$ 随 SNR 变化曲线如图 2-5 所示。

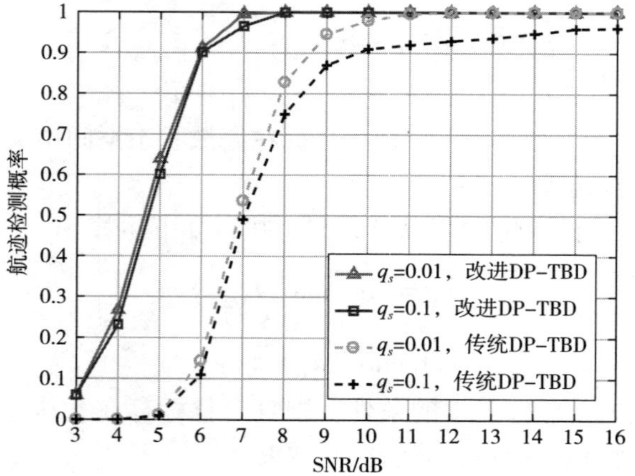

图 2-5　改进 DP-TBD 算法与传统 DP-TBD 算法的航迹检测概率随 SNR 变化曲线

从图 2-5 中可以看出，在过程噪声功率谱密度 q_s 相同的条件下，改进 DP-TBD 算法相比传统 DP-TBD 算法，在检测跟踪性能上有一定程度的提升。例如，在 $P_{d,\text{track}}=0.9$，$q_s=0.01$ 的条件下，改进 DP-TBD 算法相比传统 DP-TBD 算法有约 2.5 dB 的性能改善。此外，改进 DP-TBD 算法在 $q_s=0.01$ 和 $q_s=0.1$ 的背景下，航迹检测概率曲线几乎重合，这验证了当目标在过程噪声干扰下存在额外机动性时，改进 DP-TBD 算法对弱目标的检测跟踪具有稳健性。

2.6.3　实测数据处理结果

本节使用实测数据验证改进 DP-TBD 算法对弱目标航迹检测的有效性。采用传统 DP-TBD 算法作为对比算法。实测数据来自于支撑本课题的科研项目中的一次外场试验。该数据是某地基雷达为检测低空飞行的某型号民用无人机所录取的雷达回波。无人机上自带的定位系统提供目标真实航迹。

试验中，雷达的扫描周期为 166 ms，共进行 50 帧观测，距离分辨单元为 18.75 m，速度分辨单元为 1.88 m/s。无人机在距离雷达 3.7 km 处远离雷达进行径向近似匀速直线运动。无人机的最大加速度为 11.24 m/s^2。截取目标运动范围内的 100 个距离单元，设置速度单元个数为 32。目标的真实航迹如图 2-6（a）所示。对雷达回波数据进行预处理后，单帧内的回波数据如图 2-6（b）所示。在两种 DP-TBD 算法处理中，设置积累帧数为 10，检测统计量为回波数据幅度。在传统 DP-TBD 算法中，状态转移数 q 设置为 1、4、9、16 和 25。

首先，采用改进 DP-TBD 算法对实测数据进行处理，得到的目标估计航迹如图 2-7 所示。估计航迹的距离误差和速度误差分别如图 2-8（a）和图 2-8（b）所示。由图 2-7 和图 2-8 可以看出，利用改进 DP-TBD 算法对实测数据进行处理，能够成功检测并跟踪到目标，估计航迹与目标真实航迹在距离维和速度维上的误差均在 1 个单元内。

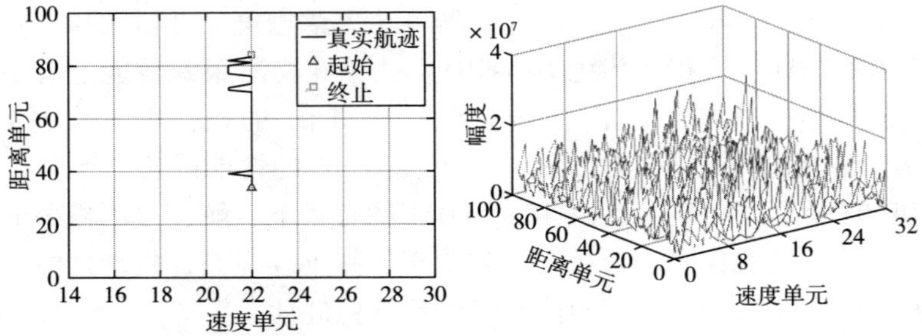

（a）目标真实航迹　　（b）单帧雷达回波

图 2-6　实测数据

注：距离单元，速度单元为坐标时均代表序号或数值，无单位，余下同。

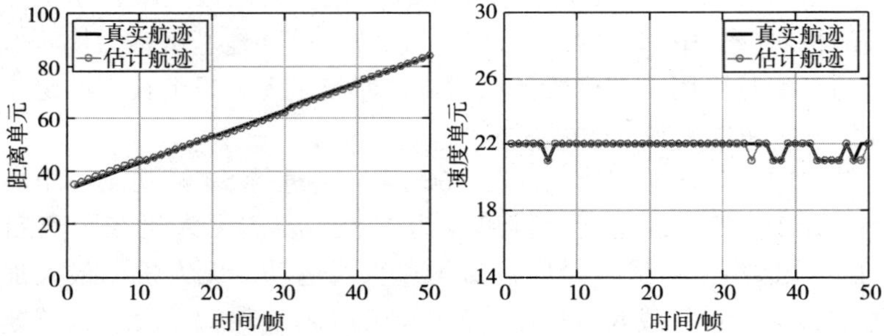

（a）距离单元　　（b）速度单元

图 2-7　改进 DP-TBD 算法的估计航迹

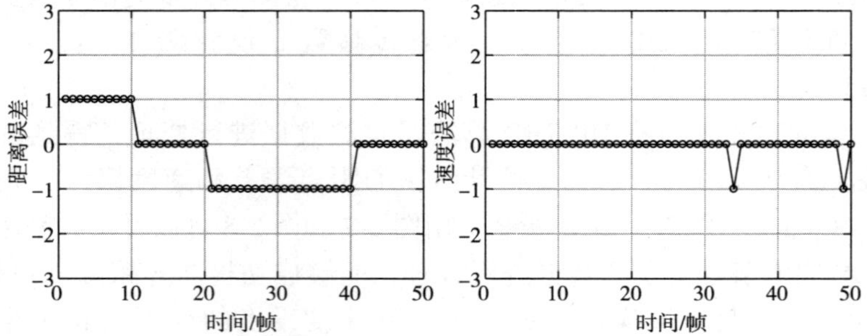

（a）距离误差　　（b）速度误差

图 2-8　改进 DP-TBD 算法的估计航迹误差

接下来，采用传统 DP-TBD 算法对同一实测数据进行处理，得到的目标估计航迹如图 2-9 所示。估计航迹的距离误差和速度误差分别如图 2-10（a）和图 2-10（b）所示。

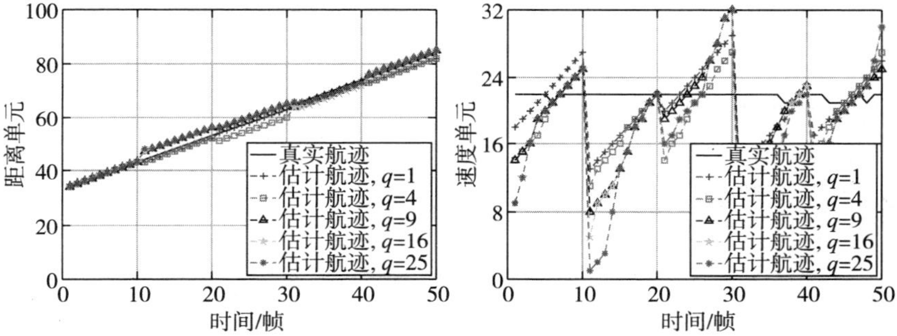

（a）距离单元　　（b）速度单元

图 2-9　传统 DP-TBD 算法的估计航迹

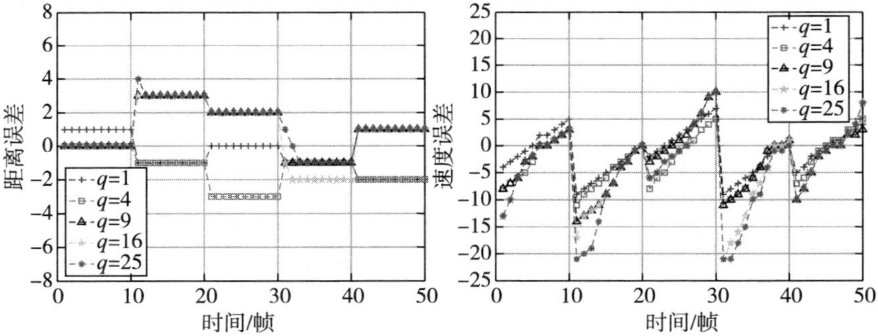

（a）距离误差　　（b）速度误差

图 2-10　传统 DP-TBD 算法的估计航迹误差

由图 2-9 和图 2-10 可以看出，利用传统 DP-TBD 算法对实测数据进行处理，估计航迹与真实航迹的误差较大，尤其是速度维的误差。随着状态转移数 q 的增大，估计航迹速度维的误差也增大。这是因为试验中目标做近似匀速运动，且额外机动性较小，此时增大状态转移数，即增大搜索范围，则搜索范围内包含的大幅度噪声或杂波分量增加，造成算法积累过程中积累的是噪声或杂波能量的概率增大，从而使得估计航迹不准确。此外，传统 DP-TBD 算法没有利用目标的最大加速度这一先验知识，使得实际处理中难以恰当选取最佳的状态转移数。

综上所述，在处理实测数据时，相比传统 DP-TBD 算法，采用改进的 DP-TBD 算法能获得更准确的目标估计航迹。

2.7 本章小结

本章对雷达弱目标检测问题中的 DP-TBD 算法进行了系统的理论介绍。首先，描述了目标运动模型和回波信号模型，为后续讨论提供了模型准备。然后，介绍了 TBD 算法基本原理，指出在 TBD 框架下，目标的检测和跟踪问题可以建模为一个高维优化问题。TBD 算法与传统的单帧门限检测方法不同，它保留了全部的目标信息，因此对弱目标的检测跟踪能力更优。随后，介绍了一种求解多阶段决策过程最优化问题的数学方法——动态规划，并通过实例阐述了动态规划的求解过程。基于上述理论基础，将 TBD 框架下的目标检测跟踪问题看作是一个求解最大路径问题的多阶段决策优化问题，并根据目标的运动特性，采用顺序递推方法进行求解，从而引出了对 DP-TBD 算法的介绍，并通过仿真实验对其性能进行了验证和讨论。最后，针对实际应用中传统 DP-TBD 算法在预设状态转移数方面难以恰当选取的问题，从状态转移范围这一设计要素出发，结合目标速度变化约束条件，定量计算了一个更为合适的状态转移集合，从而形成一种基于状态转移范围优化设计的改进 DP-TBD 算法。通过仿真实验验证了相比于传统 DP-TBD 算法，提出的改进算法能够有效提升雷达对弱目标的检测跟踪性能，并且在目标受过程噪声干扰而存在额外机动性时，该算法仍然表现出较好的稳健性。实测数据处理结果表明，相比传统 DP-TBD 算法，采用提出的改进 DP-TBD 算法能获得更准确的目标估计航迹。

第3章 非高斯杂波背景下的DP-TBD算法

3.1 引言

当前对 DP-TBD 算法的研究主要集中在平台固定的地基雷达应用体制，且是在噪声或杂波服从高斯分布的背景下进行的。然而，随着雷达应用体制的拓展和电磁环境的日益复杂化，一些现有的 DP-TBD 算法在某些应用中存在一定的局限性。因此，有必要结合不同雷达体制的特点和环境特性，对 DP-TBD 算法做进一步的研究。本章以机载雷达对海探测场景为例，对非高斯杂波背景下的 DP-TBD 算法展开讨论和研究。

机载雷达升高了雷达平台，扩大了雷达对低空目标的探测范围。同时载机的移动性和机动性增强了雷达在作战任务中的灵活性和生存能力，使机载雷达在军事等领域具有重要意义和广阔发展空间。机载雷达在对海探测场景中主要面临海杂波的挑战。海杂波中存在大量大幅度的海尖峰分量，且其幅度分布的拖尾较长，统计特性与高斯分布存在较大差异。此外，载机的运动会导致杂波谱扩展，使目标极易淹没在杂波中。这些问题使机载雷达对目标的检测和跟踪性能受到严重影响。现有 DP-TBD 算法在机载雷达中的应用大多是在仅考虑噪声或是在基于高斯分布杂波的背景下进行的，并不适用于本章所要讨论的机载雷达对海探测场景。因此，需要建立更准确的统计模型来描述海杂波特性，并结合机载雷达体制下回波信号的特点，设计适用于非高斯杂波背景下的 DP-TBD 算法，以提升机载雷达在非高斯杂波背景下对弱目标的检测跟踪能力。

本章首先对机载雷达系统下的目标和平台运动模型、回波信号模型、K 分布杂波模型和 IGCG 分布杂波模型进行了数学描述。然后，基于 GLRT 准则，在 TBD 框架下对目标的检测和跟踪问题进行了数学建模。接着，分析了传统的基于幅度检测统计量的 DP-TBD 算法在非高斯杂波背景下的局限性。随后，利用杂波分布的先验知识，分别推导出适用于 K 分布杂波和适用于 IGCG 分布杂波背景的多帧检测统计量，并使用 DP 技术进行求解，从而提出了基于 K 分布杂波的 DP-TBD（DP-TBD Based on K-Distributed Clutter，K-DP-TBD）算法和基于 IGCG 分布杂波的 DP-TBD（DP-TBD Based on Compound Gaussian Clutter with Inverse Gaussian Texture，IGCG-DP-TBD）算法。

3.2 系统模型描述

本节将对目标和机载雷达平台的运动模型、回波信号模型、杂波模型和 TBD 框架下的目标检测跟踪问题模型进行数学描述。

3.2.1 运动模型

考虑目标和机载雷达平台在 $X-Y$ 二维平面做近似匀速直线运动，运动模型表示为

$$\boldsymbol{x}_k = \boldsymbol{F}\boldsymbol{x}_{k-1} + \boldsymbol{w}_k \tag{3-1}$$

式中，$\boldsymbol{x}_k = (x_k,\ \dot{x}_k,\ y_k,\ \dot{y}_k)^{\mathrm{T}} \in \mathbb{R}^{4\times1}$ 为目标或平台在第 k（$k = 1, 2, \cdots, K$）个时刻的运动状态；x_k 和 y_k 分别为目标或平台在 X、Y 维的位置；$\dot{x}_k$ 和 $\dot{y}_k$ 分别为目标或平台在 X、Y 维的速度；$\boldsymbol{F}$ 为状态转移矩阵。$\boldsymbol{F}$ 可表示为

$$\boldsymbol{F} = \boldsymbol{I}_2 \otimes \begin{bmatrix} 1 & T_R \\ 0 & 1 \end{bmatrix} \tag{3-2}$$

式中，T_R 为相邻两个时刻之间的间隔。式（3-1）中的 $\boldsymbol{w}_k$ 为过程噪声，假设其为零均值的高斯白噪声，则协方差矩阵为

$$\boldsymbol{Q} = \boldsymbol{I}_2 \otimes \begin{bmatrix} T_R^3 q_s^2/3 & T_R^2 q_s^2/2 \\ T_R^2 q_s^2/2 & T_R q_s^2 \end{bmatrix} \tag{3-3}$$

式中，q_s 为过程噪声功率谱密度。

3.2.2 回波信号模型

机载雷达正侧视工作模式下的阵列几何关系及杂波模型示意图如图 3-1 所示。考虑雷达天线为收发共址的均匀线阵，阵列包含 N_a 个阵元，阵元间距为 d，每个阵元在一个相参处理间隔（Coherent Processing Interval，CPI）内发射 N_p 个脉冲，脉冲重复时间（Pulse Repetition Time，PRT）为 T_p，PRF 为 $f_p = 1/T_p$，脉宽为 τ_p，单边带宽 $W \approx 1/\tau_p$，载波波长为 λ。雷达对整个监视区域共进行 K 次扫描，扫描周期为 T_R。

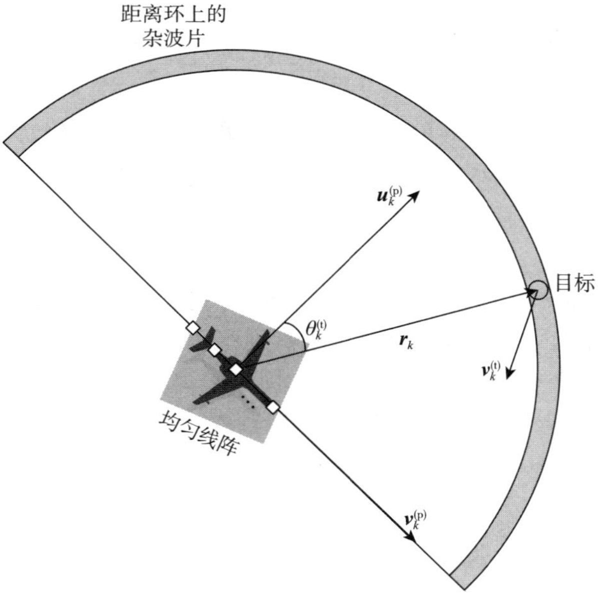

图 3-1 机载雷达的阵列几何关系及杂波模型示意图

在图 3-1 中，$\boldsymbol{v}_k^{(t)}$ 和 $\boldsymbol{v}_k^{(p)}$ 分别表示目标和平台在 k 时刻相对大地坐标系的速度矢量。记 k 时刻目标和平台的状态分别为 $\boldsymbol{x}_k^{(t)} = (x_k^{(t)},$

$\dot{x}_k^{(t)}$，$y_k^{(t)}$，$\dot{y}_k^{(t)})^T$ 和 $\boldsymbol{x}_k^{(p)} = (x_k^{(p)}, \dot{x}_k^{(p)}, y_k^{(p)}, \dot{y}_k^{(p)})^T$，则有如下关系

$$|\boldsymbol{v}_k^{(t)}| = \sqrt{(\dot{x}_k^{(t)})^2 + (\dot{y}_k^{(t)})^2} \tag{3-4}$$

$$|\boldsymbol{v}_k^{(p)}| = \sqrt{(\dot{x}_k^{(p)})^2 + (\dot{y}_k^{(p)})^2} \tag{3-5}$$

图 3-1 中 $\boldsymbol{r}_k$ 表示 k 时刻平台到目标的矢量。令 v_k 表示 k 时刻目标相对平台的径向速度，则有以下关系

$$|\boldsymbol{r}_k| = \sqrt{(x_k^{(t)} - x_k^{(p)})^2 + (y_k^{(t)} - y_k^{(p)})^2} \tag{3-6}$$

$$v_k = \frac{(\boldsymbol{v}_k^{(t)} - \boldsymbol{v}_k^{(p)})^T \boldsymbol{r}_k}{|\boldsymbol{r}_k|} \tag{3-7}$$

式中，$|\boldsymbol{r}_k|$ 为 k 时刻目标到平台的径向距离。图 3-1 中 $\boldsymbol{u}_k^{(p)}$ 表示平台阵列的单位法向矢量，$\theta_k^{(t)}$ 为目标相对于阵列相位中心的方位角，其有如下关系

$$\theta_k^{(t)} = \arccos\left(\frac{\boldsymbol{r}_k^{\ T} \boldsymbol{u}_k^{(p)}}{|\boldsymbol{r}_k||\ \boldsymbol{u}_k^{(p)}\ |}\right) \tag{3-8}$$

本章考虑的回波数据是指经过下变频、匹配滤波和采样后的离散回波数据，而且本章内容是在距离和多普勒非模糊的假设条件下进行研究和讨论的。假设雷达共进行 K 次扫描，定义一次扫描周期的回波数据为一帧。记第 k 帧回波数据为 $\boldsymbol{Z}_k$，其为一个距离-阵元-脉冲三维数据矩阵（当回波信号包含其他维度信息时，在相应维度上对 $\boldsymbol{Z}_k$ 进行拓展即可）。为了便于描述和便于后续算法的处理，通常将所有阵元在一个 CPI 内接收到的位于同一距离单元上的回波数据，即 $N_a \times N_p$ 维数据（空时二维快拍），堆叠成一个 $N_a N_p \times 1$ 维空时矢量，用 $z_{k,n} \in \mathbb{C}^{N_a N_p \times 1}$ 表示。那么可以将三维数据矩阵 $\boldsymbol{Z}_k$ 重新表示为 $\boldsymbol{Z}_k = [z_{k,1} \cdots z_{k,n} \cdots z_{k,N_r}]^T$，且 $\boldsymbol{Z}_k \in \mathbb{C}^{N_r \times N_a N_p}$，其中 N_r 为扫描范围内的距离单元个数。三维回波数据矩阵、某一距离单元的空时二维快拍和一维空时矢量之间的对应关系如图 3-2 所示。

在第 k 帧数据中，第 n 个距离单元的回波数据可以表示为如下形式

$$\begin{cases} H_0: \boldsymbol{z}_{k,n} = \boldsymbol{c}_{k,n}, & n = 1, 2, \cdots, N_r, \quad k = 1, 2, \cdots, K \\ H_1: \begin{cases} \boldsymbol{z}_{k,n} = A_k \boldsymbol{s}_{k,n} + \boldsymbol{c}_{k,n}, & n = n_k \in \{1, 2, \cdots, N_r\}, \quad k = 1, 2, \cdots, K \\ \boldsymbol{z}_{k,n} = \boldsymbol{c}_{k,n}, & n = \{1, 2, \cdots, N_r\} \setminus \{n_k\}, \quad k = 1, 2, \cdots, K \end{cases} \end{cases} \tag{3-9}$$

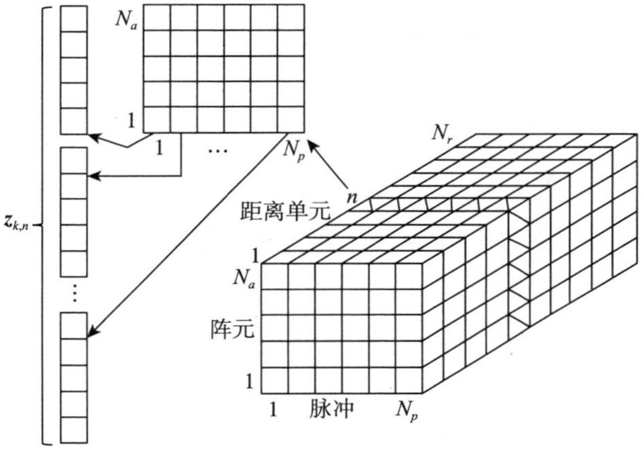

图 3-2　第 k 帧三维回波数据矩阵、某一距离单元的空时二维快拍和一维空时矢量之间的对应关系

式中，H_0 和 H_1 分别为目标不存在和存在的假设；$\boldsymbol{c}_{k,n} \in \mathbb{C}^{N_a N_p \times 1}$ 为杂波，将在 3.2.3 节对其模型进行介绍；n_k 为目标在第 k 帧所在的距离单元；$\{A\} \setminus \{B\}$ 为集合 A 与集合 B 的差集；$A_k \in \mathbb{C}$ 为目标的散射系数；$\boldsymbol{s}_{k,n} \in \mathbb{C}^{N_a N_p \times 1}$ 为目标的空时导向矢量，满足如下关系

$$\boldsymbol{s}_{k,n} = \boldsymbol{a}_{k,n}^{(t)} \otimes \boldsymbol{b}_{k,n}^{(t)} \tag{3-10}$$

式中，$\boldsymbol{a}_{k,n}^{(t)}$ 和 $\boldsymbol{b}_{k,n}^{(t)}$ 分别为目标的空域导向矢量和时域导向矢量，表示如下

$$\boldsymbol{a}_{k,n}^{(t)} = \left[1 \quad \mathrm{e}^{-j2\pi(d/\lambda)\sin\theta_k^{(t)}} \quad \cdots \quad \mathrm{e}^{-j2\pi(N_a-1)(d/\lambda)\sin\theta_k^{(t)}}\right]^{\mathrm{T}} \tag{3-11}$$

$$\boldsymbol{b}_{k,n}^{(t)} = \left[1 \quad \mathrm{e}^{-j2\pi f_k^{(t)}} \quad \cdots \quad \mathrm{e}^{-j2\pi(N_p-1)f_k^{(t)}}\right]^{\mathrm{T}} \tag{3-12}$$

式（3-12）中的 $f_k^{(t)}$ 表示目标的归一化多普勒频率，其计算方式如下

$$f_k^{(t)} = \frac{2v_k T_p}{\lambda} \tag{3-13}$$

3.2.3 杂波模型

在机载雷达系统中，通常采用等距离环散射单元积分法，即积分式杂波模型，对机载雷达正侧视工作模式下的杂波进行建模，如图 3-1 所示。针对同一距离单元环，在方位角 $[-\pi/2, \pi/2]$ 范围内均匀划分 N_c 个杂波片，则 $\boldsymbol{c}_{k,n}$ 可以表示为

$$\boldsymbol{c}_{k,n} = \sum_{i=1}^{N_c} \boldsymbol{c}_{k,n}^i = \sum_{i=1}^{N_c} \xi_{k,n}^i (\boldsymbol{a}_{k,n}^i \otimes \boldsymbol{b}_{k,n}^i) \odot (1_{N_a} \otimes \boldsymbol{g}_l) \tag{3-14}$$

式中，$\boldsymbol{c}_{k,n}^i$ 为第 k 帧中第 n 个距离环上第 i 个杂波片的回波数据；$\xi_{k,n}^i$ 为该杂波片的随机复幅度；$\boldsymbol{g}_l$ 表示杂波内运动矢量，假设其服从高斯分布；$\boldsymbol{a}_{k,n}^i$ 和 $\boldsymbol{b}_{k,n}^i$ 分别为杂波片的空域导向矢量和时域导向矢量，即

$$\boldsymbol{a}_{k,n}^i = [1 \quad e^{-j2\pi(d/\lambda)\sin\theta_k^i} \quad \cdots \quad e^{-j2\pi(N_a-1)(d/\lambda)\sin\theta_k^i}]^{\mathrm{T}} \tag{3-15}$$

$$\boldsymbol{b}_{k,n}^i = [1 \quad e^{-j2\pi f_k^{(p)}\sin\theta_k^i} \quad \cdots \quad e^{-j2\pi(N_p-1)f_k^{(p)}\sin\theta_k^i}]^{\mathrm{T}} \tag{3-16}$$

式中，$\theta_k^i \in [-\pi/2, \pi/2]$ 为第 i 个杂波片相对阵列相位中心的方位角；$f_k^{(p)}$ 为雷达平台相对大地坐标系的归一化多普勒频率，计算方式如下

$$f_k^{(p)} = \frac{2|\boldsymbol{v}_k^{(p)}|T_p}{\lambda} \tag{3-17}$$

在对具有较长拖尾的海杂波进行拟合时，复合高斯模型是目前使用较为广泛的一种模型，其通常表示为两个独立分量的乘积

$$\boldsymbol{c}_{k,n} = \sqrt{\tau_k}\boldsymbol{g}_{k,n} \tag{3-18}$$

式中，$\boldsymbol{g}_{k,n}$ 为散斑分量，是一个快变的圆对称复高斯矢量，即 $\boldsymbol{g}_{k,n} \sim CN(\boldsymbol{0}_{N_aN_p}, \boldsymbol{R}_k)$，其中协方差矩阵 $\boldsymbol{R}_k = E\{\boldsymbol{g}_{k,n}\boldsymbol{g}_{k,n}^{\mathrm{H}}\}$，且 $\boldsymbol{R}_k$ 在 N_r 个距离单元上独立同分布。散斑分量的 PDF 为

$$p(\boldsymbol{g}_{k,n}) = \frac{1}{\pi^{N_aN_p}|\boldsymbol{R}_k|}\exp(-\boldsymbol{g}_{k,n}^{\mathrm{H}}\boldsymbol{R}_k^{-1}\boldsymbol{g}_{k,n}) \tag{3-19}$$

式（3-18）中的 τ_k 为纹理分量，是一个非负、慢变的随机变量，代表杂波的波动水平，表征杂波的非高斯性。在机载雷达系统对海探测背景下，实际工程中可以认为杂波服从复合高斯模型，记为 $\boldsymbol{c}_{k,n} \sim CN(\boldsymbol{0}_{N_aN_p}, \tau_k\boldsymbol{R}_k)$。

根据纹理分量分布的不同，可以将复合高斯模型分为：具有伽马纹理的K分布模型、具有逆伽马纹理的广义Pareto分布模型、具有逆高斯纹理的IGCG分布模型等。本节将选取实际应用中常用到的K分布杂波模型和IGCG分布杂波模型进行详细说明和介绍。

1. K分布杂波模型

对于K分布杂波，其纹理分量 τ_k 服从伽马分布

$$p(\tau_k) = \frac{\tau_k^{\alpha-1}}{\beta^{\alpha}\Gamma(\alpha)}\exp\left(-\frac{\tau_k}{\beta}\right), \ \tau_k \geqslant 0 \tag{3-20}$$

式中，$p(\cdot)$ 为PDF；α 为形状参数，一般取决于擦地角、海情和雷达参数；β 为尺度参数，与杂波功率密切相关；$\Gamma(\cdot)$ 为伽马函数。

由 $\boldsymbol{c}_{k,n} \sim CN(\boldsymbol{0}_{N_aN_p}, \tau_k\boldsymbol{R}_k)$ 可知，K分布杂波可看作是一个圆对称高斯分布的快变分量被一个伽马分布的慢变分量调制而成。K分布杂波的PDF为（式（3-21）的推导见附录A）

$$p(\boldsymbol{c}_{k,n}) = \frac{2\beta^{-(\alpha+N_p)/2}q_0^{\ (\alpha-N_p)/2}}{\pi^{N_p}|\boldsymbol{R}_k|\Gamma(\alpha)}K_{\alpha-N_p}\left(2\sqrt{q_0/\beta}\right) \tag{3-21}$$

式中，$q_0 = \boldsymbol{c}_{k,n}^{\mathrm{H}}\boldsymbol{R}_k^{-1}\boldsymbol{c}_{k,n}$；$K_v(x)$ 为关于变量 x 的 v 阶第二类修正贝塞尔函数。$K_v(x)$ 的表达式为

$$K_v(x) = \frac{1}{2}\left(\frac{x}{2}\right)^v\int_0^{\infty}t^{-(v+1)}\exp\left(-t-\frac{x^2}{4t}\right)\mathrm{d}t \tag{3-22}$$

2. IGCG分布杂波模型

对于IGCG分布杂波，其纹理分量 τ_k 服从逆高斯分布

$$p(\tau_k) = \sqrt{\frac{\alpha}{2\pi}}\tau_k^{\ -3/2}\exp\left[-\frac{\alpha\ (\tau_k-\beta)^2}{2\beta^2\tau_k}\right], \ \tau_k \geqslant 0 \tag{3-23}$$

式中，α 为形状参数；β 为尺度参数。

由 $\boldsymbol{c}_{k,n} \sim CN(\boldsymbol{0}_{N_aN_p}, \tau_k\boldsymbol{R}_k)$ 可知，IGCG分布杂波可以视为一个圆

对称高斯分布的快变分量被一个逆高斯分布的慢变分量调制而成，其PDF为（式（3-24）的推导见附录B）

$$p(\boldsymbol{c}_{k,n}) = \frac{\sqrt{2\alpha}\,\mathrm{e}^{\alpha/\beta}\left(1+2q_0/\alpha\right)^{-(1/4+N_p/2)}}{(\beta\pi)^{1/2+N_p}\left|\boldsymbol{R}_k\right|}K_{1/2+N_p}\left(\frac{\alpha}{\beta}\sqrt{1+\frac{2q_0}{\alpha}}\right) \tag{3-24}$$

3.2.4 问题建模

面对复杂的海杂波环境，DP-TBD算法可以很好地利用目标在多帧回波数据之间的运动相关性，沿着目标可能的航迹对目标能量进行积累，从而提升SCR，提升雷达对弱目标的检测跟踪能力。

假设DP-TBD算法的联合处理帧数为K。考虑到在K帧的观测时长内，目标的RCS可能发生变化，故假设$A_1 \neq A_2 \neq \cdots \neq A_K$，$\boldsymbol{R}_1 \neq \boldsymbol{R}_2 \neq \cdots \neq \boldsymbol{R}_K$，且$A_k$和$\boldsymbol{R}_k$均是未知量。根据GLRT准则，式（3-9）的检测问题，以及目标的跟踪问题在TBD框架下可以综合表示为以下形式

$$\frac{\max\limits_{X_{1:K}\in\mathbb{R}^{4\times K}}\max\limits_{\boldsymbol{A}}\max\limits_{\boldsymbol{R}_1,\boldsymbol{R}_2,\cdots,\boldsymbol{R}_K} p_1(\boldsymbol{Z}_{1:K}\mid \boldsymbol{X}_{1:K},\boldsymbol{A},\boldsymbol{R}_1,\boldsymbol{R}_2,\cdots,\boldsymbol{R}_K)}{\max\limits_{\boldsymbol{R}_1,\boldsymbol{R}_2,\cdots,\boldsymbol{R}_K} p_0(\boldsymbol{Z}_{1:K}\mid \boldsymbol{R}_1,\boldsymbol{R}_2,\cdots,\boldsymbol{R}_K)} \underset{H_0}{\overset{H_1}{\gtrless}} \gamma \tag{3-25}$$

$$\hat{\boldsymbol{X}}_{1:K} = \arg\max_{X_{1:K}\in\mathbb{R}^{4\times K}} \frac{\max\limits_{\boldsymbol{A}}\max\limits_{\boldsymbol{R}_1,\boldsymbol{R}_2,\cdots,\boldsymbol{R}_K} p_1(\boldsymbol{Z}_{1:K}\mid \boldsymbol{X}_{1:K},\boldsymbol{A},\boldsymbol{R}_1,\boldsymbol{R}_2,\cdots,\boldsymbol{R}_K)}{\max\limits_{\boldsymbol{R}_1,\boldsymbol{R}_2,\cdots,\boldsymbol{R}_K} p_0(\boldsymbol{Z}_{1:K}\mid \boldsymbol{R}_1,\boldsymbol{R}_2,\cdots,\boldsymbol{R}_K)},\ \text{s.t.}\ H_1 \tag{3-26}$$

式中，$\boldsymbol{Z}_{1:K} = [\boldsymbol{Z}_1,\cdots,\boldsymbol{Z}_k,\cdots,\boldsymbol{Z}_K] \in \mathbb{C}^{N_r\times N_a N_p K}$为1到$K$帧接收到的全部回波数据；$\boldsymbol{Z}_k = [\boldsymbol{z}_{k,1}\cdots\boldsymbol{z}_{k,n}\cdots\boldsymbol{z}_{k,N_r}]^{\mathrm{T}} \in \mathbb{C}^{N_r\times N_a N_p}$；$\boldsymbol{A} = \{A_1, A_2,\cdots,A_K\}$；$p_1(\cdot)$为假设$H_1$下的PDF；$p_0(\cdot)$为假设$H_0$下的PDF；$\gamma$为保证一定虚警概率（记为$P_{fa}$）而设置的检测门限；$\hat{\boldsymbol{X}}_{1:K} = \{\hat{\boldsymbol{x}}_1, \hat{\boldsymbol{x}}_2,\cdots,\hat{\boldsymbol{x}}_K\}$为估计的目标航迹；$\hat{\boldsymbol{x}}_k = (\hat{x}_k,\hat{\dot{x}}_k,\hat{y}_k,\hat{\dot{y}}_k)^{\mathrm{T}} \in \mathbb{R}^{4\times 1}$为目

标在第 k 帧的估计状态。

由于回波数据在帧间是相互独立的，所以对式（3-25）中不等号两边分别取对数后可得

$$\max_{\boldsymbol{X}_{1:K}\in\mathbb{R}^{4\times K}}\sum_{k=1}^{K}\ln\frac{\max\limits_{A_k}\max\limits_{\boldsymbol{R}_k}p_1(\boldsymbol{z}_{k,1},\ \boldsymbol{z}_{k,2},\ \cdots,\ \boldsymbol{z}_{k,N_r}\mid A_k,\ \boldsymbol{R}_k)}{\max\limits_{\boldsymbol{R}_k}p_0(\boldsymbol{z}_{k,1},\ \boldsymbol{z}_{k,2},\ \cdots,\ \boldsymbol{z}_{k,N_r}\mid \boldsymbol{R}_k)}\underset{H_0}{\overset{H_1}{\gtrless}}\ln\gamma \tag{3-27}$$

又如3.2.3节所述，$\boldsymbol{R}_k$ 在 N_r 个距离单元上是独立同分布的，则每帧内所有距离单元上的回波数据的联合 PDF 可以写为各距离单元上回波数据的 PDF 之积，即式（3-27）可以写为

$$\begin{aligned}&\max_{\boldsymbol{X}_{1:K}\in\mathbb{R}^{4\times K}}\sum_{k=1}^{K}\ln\frac{\max\limits_{A_k}\max\limits_{\boldsymbol{R}_k}\prod\limits_{n=1}^{N_r}p_1(\boldsymbol{z}_{k,n}\mid A_k,\ \boldsymbol{R}_k)}{\max\limits_{\boldsymbol{R}_k}\prod\limits_{n=1}^{N_r}p_0(\boldsymbol{z}_{k,n}\mid \boldsymbol{R}_k)}\\
=&\max_{\boldsymbol{X}_{1:K}\in\mathbb{R}^{4\times K}}\sum_{k=1}^{K}\ln\frac{\max\limits_{A_k}\max\limits_{\boldsymbol{R}_k}p_1(\boldsymbol{z}_{k,n_k}\mid A_k,\ \boldsymbol{R}_k)\prod\limits_{n=1,\ n\neq n_k}^{N_r}p_0(\boldsymbol{z}_{k,n}\mid \boldsymbol{R}_k)}{\max\limits_{\boldsymbol{R}_k}\prod\limits_{n=1}^{N_r}p_0(\boldsymbol{z}_{k,n}\mid \boldsymbol{R}_k)}\\
=&\max_{\boldsymbol{X}_{1:K}\in\mathbb{R}^{4\times K}}\sum_{k=1}^{K}\ln\frac{\max\limits_{A_k}\max\limits_{\boldsymbol{R}_k}p_1(\boldsymbol{z}_{k,n_k}\mid A_k,\ \boldsymbol{R}_k)}{\max\limits_{\boldsymbol{R}_k}p_0(\boldsymbol{z}_{k,n_k}\mid \boldsymbol{R}_k)}\underset{H_0}{\overset{H_1}{\gtrless}}\ln\gamma\end{aligned} \tag{3-28}$$

从式（3-28）可以看出，求得多帧检测统计量的分布，是求解该检测跟踪问题的关键。

3.3 基于幅度检测统计量的 DP-TBD 算法局限性分析

在杂波分布未知或较为复杂的情况下，式（3-28）中回波数据的 PDF 很难获得，此时通常直接利用回波数据的幅度作为检测统计量来进行 TBD 的多帧回波数据处理。将该算法称为基于幅度检测统计量的 DP-TBD 算法，记为 A-DP-TBD 算法。显然，A-DP-TBD 算法操

作简单，适用范围广，易于工程实现。但是在非高斯杂波背景下，该算法具有局限性。

图 3-3 给出了不同杂波分布的幅度示意图，其中图 3-3（a）、图 3-3（b）和图 3-3（c）分别为高斯分布杂波、K 分布杂波和 IGCG 分布杂波的幅度示意图。从图 3-3 中可以看出，与高斯杂波相比，非高斯杂波中存在大量的大幅度杂波量测值。那么在使用 A-DP-TBD 算法的过程中，大幅度杂波的能量更容易被积累，而目标信号的能量没有沿着真实航迹被积累，造成目标没有被正确地检测和跟踪。

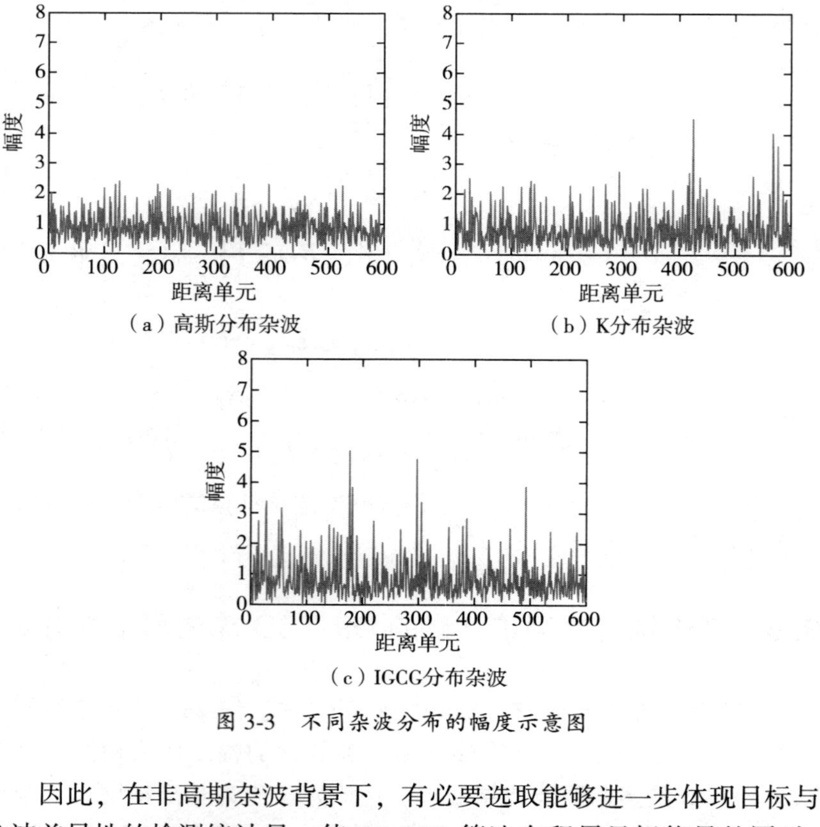

（a）高斯分布杂波

（b）K分布杂波

（c）IGCG分布杂波

图 3-3　不同杂波分布的幅度示意图

因此，在非高斯杂波背景下，有必要选取能够进一步体现目标与杂波差异性的检测统计量，使 DP-TBD 算法在积累目标能量的同时，能够抑制大幅度的杂波，从而进一步提升 SCR，提高雷达对弱目标的检测跟踪能力。假设杂波的分布是一个先验知识，则可利用杂波分布知识来推导式（3-28）中检测统计量的具体形式，然后利用 DP 技术进行优化问题的求解。对此，本章分别于 3.4 节和 3.5 节提出了 K-DP-TBD 算法和 IGCG-DP-TBD 算法。

3.4 基于 K 分布杂波的 DP-TBD 算法

本节对 K 分布杂波背景下的 DB－TBD 算法展开研究。具体而言，在 3.4.1 节将结合 K 分布杂波统计特性对式（3-28）中的检测统计量进行推导，然后在此基础上，在 3.4.2 节利用 DP 技术对式（3-25）和式（3-26）进行求解，并将给出详细的求解过程。

3.4.1 检测统计量的推导

由 $\boldsymbol{c}_{k,n} \sim CN(\boldsymbol{0}_{N_aN_p}, \tau_k\boldsymbol{R}_k)$ 和式（3-9）可得，$\boldsymbol{z}_{k,n} \sim CN(jA_k\boldsymbol{s}_{k,n}, \tau_k\boldsymbol{R}_k)$，其中 $j=0$ 或 1。当 $j=0$ 时，表示目标不存在，即 H_0 假设下，回波数据的分布是均值为 $\boldsymbol{0}_{N_aN_p}$，协方差矩阵为 $\tau_k\boldsymbol{R}_k$ 的复高斯分布。当 $j=1$ 时，表示目标存在，即 H_1 假设下，回波数据的分布服从均值为 $A_k\boldsymbol{s}_{k,n}$，协方差矩阵为 $\tau_k\boldsymbol{R}_k$ 的复高斯分布。那么 H_1 和 H_0 假设下回波数据的条件 PDF 分别为

$$p_1(\boldsymbol{z}_{k,n} \mid A_k, \boldsymbol{R}_k, \tau_k) = \frac{1}{(\pi\tau_k)^{N_aN_p}|\boldsymbol{R}_k|} \exp\left[-\frac{(\boldsymbol{z}_{k,n}-A_k\boldsymbol{s}_{k,n})^{\mathrm{H}}\boldsymbol{R}_k^{-1}(\boldsymbol{z}_{k,n}-A_k\boldsymbol{s}_{k,n})}{\tau_k}\right] \tag{3-29}$$

$$p_0(\boldsymbol{z}_{k,n} \mid \boldsymbol{R}_k, \tau_k) = \frac{1}{(\pi\tau_k)^{N_aN_p}|\boldsymbol{R}_k|}\exp\left(-\frac{\boldsymbol{z}_{k,n}^{\mathrm{H}}\boldsymbol{R}_k^{-1}\boldsymbol{z}_{k,n}}{\tau_k}\right) \tag{3-30}$$

令 $q_1=(\boldsymbol{z}_{k,n}-A_k\boldsymbol{s}_{k,n})^{\mathrm{H}}\boldsymbol{R}_k^{-1}(\boldsymbol{z}_{k,n}-A_k\boldsymbol{s}_{k,n})$，$q_0=\boldsymbol{z}_{k,n}^{\mathrm{H}}\boldsymbol{R}_k^{-1}\boldsymbol{z}_{k,n}$，则 H_1 和 H_0 假设下回波数据的 PDF 分别为

$$p_1(\boldsymbol{z}_{k,n}) = \int_0^{+\infty} p_1(\boldsymbol{z}_{k,n} \mid A_k, \boldsymbol{R}_k, \tau_k)\, p(\tau_k)\, \mathrm{d}\tau_k = \int_0^{+\infty} \frac{1}{(\pi\tau_k)^{N_a N_p} |\boldsymbol{R}_k|} \exp\left(-\frac{q_1}{\tau_k}\right) p(\tau_k)\, \mathrm{d}\tau_k \tag{3-31}$$

$$p_0(\boldsymbol{z}_{k,n}) = \int_0^{+\infty} p_0(\boldsymbol{z}_{k,n} \mid \boldsymbol{R}_k, \tau_k)\, p(\tau_k)\, \mathrm{d}\tau_k = \int_0^{+\infty} \frac{1}{(\pi\tau_k)^{N_a N_p} |\boldsymbol{R}_k|} \exp\left(-\frac{q_0}{\tau_k}\right) p(\tau_k)\, \mathrm{d}\tau_k \tag{3-32}$$

将服从伽马分布的纹理分量的 PDF，即式（3-20），代入式（3-31）和式（3-32），分别可得

$$p_1(\boldsymbol{z}_{k,n}) = \frac{2\beta^{-(\alpha+N_a N_p)/2} q_1^{(\alpha-N_a N_p)/2}}{\pi^{N_a N_p} |\boldsymbol{R}_k| \Gamma(\alpha)} K_{\alpha-N_a N_p}\left(2\sqrt{q_1/\beta}\right) \tag{3-33}$$

$$p_0(\boldsymbol{z}_{k,n}) = \frac{2\beta^{-(\alpha+N_a N_p)/2} q_0^{(\alpha-N_a N_p)/2}}{\pi^{N_a N_p} |\boldsymbol{R}_k| \Gamma(\alpha)} K_{\alpha-N_a N_p}\left(2\sqrt{q_0/\beta}\right) \tag{3-34}$$

具体推导过程见附录 C。

在 H_1 条件下对 $p_1(\boldsymbol{z}_{k,n})$ 取对数，然后对 A_k 求偏导，可得 A_k 的最大似然估计为

$$\hat{A}_k = \frac{\boldsymbol{s}_{k,n}^{\mathrm{H}} \hat{\boldsymbol{R}}_k^{-1} \boldsymbol{z}_{k,n}}{\boldsymbol{s}_{k,n}^{\mathrm{H}} \hat{\boldsymbol{R}}_k^{-1} \boldsymbol{s}_{k,n}} \tag{3-35}$$

式中，$\hat{\boldsymbol{R}}_k$ 是 $\boldsymbol{R}_k$ 的最大似然估计，计算方式如下

$$\hat{\boldsymbol{R}}_k = \frac{1}{N_r} \sum_{n=1}^{N_r} \boldsymbol{z}_{k,n} \boldsymbol{z}_{k,n}^{\mathrm{H}} \tag{3-36}$$

将式（3-33）~式（3-36）代入式（3-28），可得 K 分布杂波背景下的多帧检测统计量为

$$\max_{X_{1:K} \in \mathbb{R}^{4\times K}} \sum_{k=1}^{K} \left[\frac{\alpha - N_a N_p}{2} (\ln\hat{q}_1 - \ln\hat{q}_0) + \ln K_{\alpha-N_a N_p}\left(2\sqrt{\hat{q}_1/\beta}\right) - \ln K_{\alpha-N_a N_p}\left(2\sqrt{\hat{q}_0/\beta}\right) \right] \underset{H_0}{\overset{H_1}{\gtrless}} \gamma_{\mathrm{K}} \tag{3-37}$$

$$\hat{q}_1 = (\boldsymbol{z}_{k,n} - \hat{A}_k \boldsymbol{s}_{k,n})^{\mathrm{H}} \hat{\boldsymbol{R}}_k^{-1} (\boldsymbol{z}_{k,n} - \hat{A}_k \boldsymbol{s}_{k,n}) \tag{3-38}$$

$$\hat{q}_0 = \boldsymbol{z}_{k,n}^{\mathrm{H}} \hat{\boldsymbol{R}}_k^{-1} \boldsymbol{z}_{k,n} \tag{3-39}$$

式中，γ_{K} 是 K 分布杂波背景下的检测门限。

3.4.2 K-DP-TBD 算法流程

3.4.1 节推导了在 GLRT 准则下，基于 K 分布杂波的 TBD 框架下的检测统计量，即式（3-37）。式（3-37）中不等号左侧是一个高维优化问题，本小节将采用 DP 技术对其进行求解，从而形成 K-DP-TBD 算法。由于目标的状态空间是连续的，所以式（3-37）没有闭合解。为了求解该优化问题，需要先将寻优空间进行离散化。同时，为了实现数据能量的积累，需要建立目标状态空间与量测数据空间之间的映射关系。在 DP-TBD 算法中，综合考虑算法的计算成本和量测数据的利用率，通常选择将状态空间与量测空间相匹配。状态空间的离散化标准一般选择和雷达量测单元相同，这样经过离散化后，离散的状态和雷达的量测单元之间就满足一一对应的关系。

对状态空间的离散化，以及与量测空间的映射采用如下方式

$$n_k = \left\lceil \frac{|\boldsymbol{r}_k|}{\Delta r} \right\rceil \in \Omega_R,\ \Omega_R = \{1,\ 2,\ \cdots,\ N_r\} \tag{3-40}$$

$$m_k = \left\lceil \frac{\theta_k^{(\mathrm{t})} - \theta_0}{\Delta\theta} \right\rceil \in \Omega_\theta,\ \Omega_\theta = \{1,\ 2,\ \cdots,\ N_\theta\} \tag{3-41}$$

$$l_k = \left\lceil \frac{f_k^{(\mathrm{t})}}{\Delta f} \right\rceil + 1 \in \Omega_D,\ \Omega_D = \{1,\ 2,\ \cdots,\ N_D\} \tag{3-42}$$

式中：$(n_k,\ m_k,\ l_k)$ 为离散状态的索引；n_k、m_k 和 l_k 分别为离散状态的距离单元、方位角单元和多普勒单元的索引，且有 $(n_k,\ m_k,\ l_k) \in \Omega$，其中 $\Omega = \Omega_R \times \Omega_\theta \times \Omega_D$ 为离散的状态空间；Ω_R、Ω_θ 和 Ω_D 分别为离散的距离单元集合、方位角单元集合和多普勒单元集合；N_r，N_θ 和 N_D 分别为这些集合内部元素的个数；Δr、$\Delta\theta$ 和 Δf 分别为距离、方位角和多普勒维的分辨单元；θ_0 为雷达扫描区域起始方位角大小；$\Delta f = 1/hN_p$，h 为自然数；$|\boldsymbol{r}_k|$、$\theta_k^{(\mathrm{t})}$ 和 $f_k^{(\mathrm{t})}$ 分别通过式（3-6）、式（3-8）和式（3-13）计算获得。

经过上述操作后，式（3-37）中包含的高维优化问题就可以用 DP 技术在离散状态空间 Ω 上进行求解。采用 Orlando 等提出的方法来估计多普勒参数，即在帧间积累之前通过遍历多普勒单元集合，把使检测统计量取得最大值的多普勒单元作为目标的估计多普勒单元，从而在多帧数据积累前消除多普勒参数，进而将三维距离-方位-多普勒搜索降为二维的距离-方位搜索，则式（3-37）可以写为

$$\max_{\substack{(n_1,\ n_2,\ \cdots,\ n_K)\in\Omega_R^K,\ (m_1,\ m_2,\ \cdots,\ m_K)\in\Omega_\theta^K \\ n_{k-1}\in\zeta_R(n_k),\ m_{k-1}\in\zeta_\theta(m_k)}} \sum_{k=1}^{K} \max_{l_k\in\Omega_D} L(n_k,\ m_k,\ l_k) \underset{H_0}{\overset{H_1}{\gtrless}} \gamma_K \tag{3-43}$$

式中，

$$L(n_k,\ m_k,\ l_k) = \frac{\alpha - N_a N_p}{2}(\ln q_1 - \ln q_0) + \ln K_{\alpha - N_a N_p}\left(2\sqrt{q_1/\beta}\right) - \ln K_{\alpha - N_a N_p}\left(2\sqrt{q_0/\beta}\right) \tag{3-44}$$

$$q_1 = (\boldsymbol{z}_{k,\ n_k} - \hat{A}_k \boldsymbol{s}_{k,\ n_k}[\theta_k(m_k),\ f_k(l_k)])^{\mathrm{H}} \hat{\boldsymbol{R}}_k^{-1} (\boldsymbol{z}_{k,\ n_k} - \hat{A}_k \boldsymbol{s}_{k,\ n_k}[\theta_k(m_k),\ f_k(l_k)]) \tag{3-45}$$

$$q_0 = \boldsymbol{z}_{k,\ n_k}^{\mathrm{H}} \hat{\boldsymbol{R}}_k^{-1} \boldsymbol{z}_{k,\ n_k} \tag{3-46}$$

$$\hat{A}_k = \frac{(\boldsymbol{s}_{k,\ n_k}[\theta_k(m_k),\ f_k(l_k)])^{\mathrm{H}} \hat{\boldsymbol{R}}_k^{-1} \boldsymbol{z}_{k,\ n_k}}{(\boldsymbol{s}_{k,\ n_k}[\theta_k(m_k),\ f_k(l_k)])^{\mathrm{H}} \hat{\boldsymbol{R}}_k^{-1} \boldsymbol{s}_{k,\ n_k}} \tag{3-47}$$

$$\hat{\boldsymbol{R}}_k = \frac{1}{N_r} \sum_{n=1}^{N_r} \boldsymbol{z}_{k,\ n_k} \boldsymbol{z}_{k,\ n_k}^{\mathrm{H}} \tag{3-48}$$

式（3-45）和式（3-47）中的 $\theta_k(m_k)$ 和 $f_k(l_k)$，可以分别通过式（3-41）和式（3-42）反解得到，然后将其代入式（3-10）~式（3-12）中，即可得到 $\boldsymbol{s}_{k,\ n_k}[\theta_k(m_k),\ f_k(l_k)]$。式（3-43）中的 Ω_R^K 和 Ω_θ^K 分别为 Ω_R 和 Ω_θ 的 K 阶笛卡尔积。$\zeta_R(n_k)$ 和 $\zeta_\theta(m_k)$ 分别表示 $k-1$ 时刻目标可能所在的距离单元集合和方位角单元集合，位于该集合内的目标，根据目标的运动特性，能够在下一时刻（即 k 时刻）转移到距离单元 n_k 和方位角单元 m_k。$\zeta_R(n_k)$ 和 $\zeta_\theta(m_k)$ 的设置，

避免了一些转移概率极低的搜索，可以有效降低计算复杂度，同时提高算法检测性能。记目标在相邻两个时刻间，在距离和方位角上的最大转移步长分别为 q_r 个距离单元和 q_θ 个方位角单元，其中 q_r 和 q_θ 的取值可由目标最大径向速度、扫描周期和脉宽等参数确定，则可得

$$\zeta_R(n_k) = \{\max(1,\ n_k - q_r),\ \max(1,\ n_k - q_r) + 1,\ \cdots,\ \min(N_r,\ n_k + q_r)\} \tag{3-49}$$

$$\zeta_\theta(m_k) = \{\max(1,\ m_k - q_\theta),\ \max(1,\ m_k - q_\theta) + 1,\ \cdots,\ \min(N_\theta,\ m_k + q_\theta)\} \tag{3-50}$$

接下来，使用 DP 技术求解式（3-43），即形成 K-DP-TBD 算法，具体步骤如下。

步骤 1：初始化。当 $k = 1$ 时，对所有离散状态 $(n_1,\ m_1) \in \Omega_R \times \Omega_\theta$，进行如下计算

$$l_1^{(n_1,\ m_1)} = \arg\max_{l_1 \in \Omega_D} L(n_1,\ m_1,\ l_1) \tag{3-51}$$

$$I(n_1,\ m_1) = L(n_1,\ m_1,\ l_1^{(n_1,\ m_1)}) \tag{3-52}$$

$$\boldsymbol{\Psi}_1(n_1,\ m_1) = 0 \tag{3-53}$$

$$\boldsymbol{\Psi}_2(l_1) = 0 \tag{3-54}$$

式中，$l_1^{(n_1,\ m_1)}$ 为对离散的距离-方位状态 $(n_1,\ m_1)$，遍历离散多普勒单元集合 Ω_D 后找到的能使式（3-44）取得最大值的多普勒单元；$I(n_1,\ m_1)$ 为第 1 帧中距离-方位状态 $(n_1,\ m_1)$ 的值函数；$\boldsymbol{\Psi}_1(\cdot)$ 用以记录距离单元和方位角单元的转移关系；$\boldsymbol{\Psi}_2(\cdot)$ 用以记录多普勒单元的转移关系。

步骤 2：迭代积累。当 $2 \leqslant k \leqslant K$，对所有 $(n_k,\ m_k) \in \Omega_R \times \Omega_\theta$，进行如下计算

$$l_k^{(n_k,\ m_k)} = \arg\max_{l_k \in \Omega_D} L(n_k,\ m_k,\ l_k) \tag{3-55}$$

$$I(n_k,\ m_k) = L(n_k,\ m_k,\ l_k^{(n_k,\ m_k)}) + \max_{\substack{n_{k-1} \in \zeta_R(n_k) \\ m_{k-1} \in \zeta_\theta(m_k)}} I(n_{k-1},\ m_{k-1}) \tag{3-56}$$

$$\boldsymbol{\Psi}_1(n_k,\ m_k) = \arg\max_{\substack{n_{k-1} \in \zeta_R(n_k) \\ m_{k-1} \in \zeta_\theta(m_k)}} I(n_{k-1},\ m_{k-1}) \tag{3-57}$$

$$\Psi_2(l_k) = l_{k-1}^{(n_{k-1},\ m_{k-1})} \tag{3-58}$$

步骤 3：门限判决。当 $k = K$ 时，有

$$(\hat{n}_K,\ \hat{m}_K) = \arg \max_{n_K \in \Omega_R,\ m_K \in \Omega_\theta} I(n_K,\ m_K)$$

$$\hat{l}_K = l_K^{(\hat{n}_K,\ \hat{m}_K)} \tag{3-59}$$

$$\text{s.t.} \max_{n_K \in \Omega_R,\ m_K \in \Omega_\theta} I(n_K,\ m_K) > \gamma_K$$

步骤 4：航迹回溯。当 $k = K-1,\ K-2,\ \cdots,\ 1$ 时，有

$$(\hat{n}_k,\ \hat{m}_k) = \Psi_1(\hat{n}_{k+1},\ \hat{m}_{k+1}) \tag{3-60}$$

$$\hat{l}_k = \Psi_2(\hat{l}_{k+1}) \tag{3-61}$$

最终得到估计的目标航迹离散序列为 $\{(\hat{n}_1,\ \hat{m}_1,\ \hat{l}_1),\ (\hat{n}_2,\ \hat{m}_2,\ \hat{l}_2),\ \cdots,\ (\hat{n}_K,\ \hat{m}_K,\ \hat{l}_K)\}$。

3.5 基于 IGCG 分布杂波的 DP-TBD 算法

3.5.1 检测统计量的推导

与 3.4.1 节中 K 分布杂波背景下的检测统计量推导过程类似，将服从逆高斯分布的纹理分量的 PDF，即式（3-23），代入式（3-31）和式（3-32），可得 IGCG 分布杂波背景下，H_1 和 H_0 假设下回波数据的 PDF 分别为

$$p_1(z_{k,\ n}) = \frac{\sqrt{2\alpha}\,\mathrm{e}^{\alpha/\beta}\ (1 + 2q_1/\alpha)^{-(1/4+N_aN_p/2)}}{(\beta\pi)^{1/2+N_aN_p}\,|\boldsymbol{R}_k|} K_{1/2+N_aN_p}\left(\frac{\alpha}{\beta}\sqrt{1 + \frac{2q_1}{\alpha}}\right) \tag{3-62}$$

$$p_0(z_{k,\ n}) = \frac{\sqrt{2\alpha}\,\mathrm{e}^{\alpha/\beta}\ (1 + 2q_0/\alpha)^{-(1/4+N_aN_p/2)}}{(\beta\pi)^{1/2+N_aN_p}\,|\boldsymbol{R}_k|} K_{1/2+N_aN_p}\left(\frac{\alpha}{\beta}\sqrt{1 + \frac{2q_0}{\alpha}}\right) \tag{3-63}$$

具体推导过程见附录 D。

在 H_1 条件下对 $p_1(z_{k,\ n})$ 取对数，然后对 A_k 求偏导，可得 A_k 的最大似然估计

$$\hat{A}_k = \frac{\boldsymbol{s}_{k,n}^H \hat{\boldsymbol{R}}_k^{-1} \boldsymbol{z}_{k,n}}{\boldsymbol{s}_{k,n}^H \hat{\boldsymbol{R}}_k^{-1} \boldsymbol{s}_{k,n}} \tag{3-64}$$

式中，$\hat{\boldsymbol{R}}_k$ 为 $\boldsymbol{R}_k$ 的最大似然估计，即

$$\hat{\boldsymbol{R}}_k = \frac{1}{N_r} \sum_{n=1}^{N_r} \boldsymbol{z}_{k,n} \boldsymbol{z}_{k,n}^{\mathrm{H}} \tag{3-65}$$

将式（3-62）~式（3-65）代入式（3-28），可得 IGCG 分布杂波背景下的多帧检测统计量为

$$\max_{\boldsymbol{x}_{1:K} \in \mathbb{R}^{4\times K}} \sum_{k=1}^{K} \left[\left(\frac{1}{4} + \frac{N_a N_p}{2} \right) (\ln\varepsilon_0 - \ln\varepsilon_1) + \ln K_{1/2+N_a N_p}\left(\frac{\alpha}{\beta} \sqrt{\varepsilon_1} \right) - \ln K_{1/2+N_a N_p}\left(\frac{\alpha}{\beta} \sqrt{\varepsilon_0} \right) \right] \underset{H_0}{\overset{H_1}{\gtrless}} \gamma_{\mathrm{IGCG}} \tag{3-66}$$

式中：γ_{IGCG} 是 IGCG 分布杂波背景下的检测门限；

$$\varepsilon_1 = 1 + \frac{2\hat{q}_1}{\alpha} \tag{3-67}$$

$$\varepsilon_0 = 1 + \frac{2\hat{q}_0}{\alpha} \tag{3-68}$$

$$\hat{q}_1 = (\boldsymbol{z}_{k,n} - \hat{A}_k \boldsymbol{s}_{k,n})^{\mathrm{H}} \hat{\boldsymbol{R}}_k^{-1} (\boldsymbol{z}_{k,n} - \hat{A}_k \boldsymbol{s}_{k,n}) \tag{3-69}$$

$$\hat{q}_0 = \boldsymbol{z}_{k,n}^{\mathrm{H}} \hat{\boldsymbol{R}}_k^{-1} \boldsymbol{z}_{k,n} \tag{3-70}$$

3.5.2　IGCG-DP-TBD 算法流程

3.5.1 节推导了 GLRT 在准则下，基于 IGCG 分布杂波的 TBD 框架下的检测统计量，即式（3-66）。式（3-66）中不等号左侧是一个高维优化问题，本节将采用 DP 技术对其进行求解，即形成 IGCG-DP-TBD 算法。状态空间的离散化，以及与量测空间的映射按照 3.4.2 小节中式（3-40）~式（3-42）进行。则式（3-66）可以写为

$$\max_{\substack{(n_1, n_2, \cdots, n_K) \in \Omega_R^K, (m_1, m_2, \cdots, m_K) \in \Omega_\theta^K \\ n_{k-1} \in \zeta_R(n_k), m_{k-1} \in \zeta_\theta(m_k)}} \sum_{k=1}^{K} \max_{l_k \in \Omega_D} L(n_k, m_k, l_k) \underset{H_0}{\overset{H_1}{\gtrless}} \gamma_{\mathrm{IGCG}} \tag{3-71}$$

式中，

$$L(n_k, m_k, l_k) = \left(\frac{1}{4} + \frac{N_a N_p}{2}\right)(\ln\varepsilon_0 - \ln\varepsilon_1) + \ln K_{1/2+N_a N_p}\left(\frac{\alpha}{\beta}\sqrt{\varepsilon_1}\right) - \ln K_{1/2+N_a N_p}\left(\frac{\alpha}{\beta}\sqrt{\varepsilon_0}\right) \tag{3-72}$$

$$\varepsilon_1 = 1 + \frac{2q_1}{\alpha} \tag{3-73}$$

$$\varepsilon_0 = 1 + \frac{2q_0}{\alpha} \tag{3-74}$$

$$q_1 = (\boldsymbol{z}_{k,n_k} - \hat{A}_k \boldsymbol{s}_{k,n_k}[\theta_k(m_k), f_k(l_k)])^{\mathrm{H}} \hat{\boldsymbol{R}}_k^{-1}(\boldsymbol{z}_{k,n_k} - \hat{A}_k \boldsymbol{s}_{k,n_k}[\theta_k(m_k), f_k(l_k)]) \tag{3-75}$$

$$q_0 = \boldsymbol{z}_{k,n_k}^{\mathrm{H}} \hat{\boldsymbol{R}}_k^{-1} \boldsymbol{z}_{k,n_k} \tag{3-76}$$

$$\hat{A}_k = \frac{(\boldsymbol{s}_{k,n_k}[\theta_k(m_k), f_k(l_k)])^{\mathrm{H}} \hat{\boldsymbol{R}}_k^{-1} \boldsymbol{z}_{k,n_k}}{(\boldsymbol{s}_{k,n_k}[\theta_k(m_k), f_k(l_k)])^{\mathrm{H}} \hat{\boldsymbol{R}}_k^{-1} \boldsymbol{s}_{k,n_k}} \tag{3-77}$$

$$\hat{\boldsymbol{R}}_k = \frac{1}{N_r}\sum_{n=1}^{N_r} \boldsymbol{z}_{k,n_k} \boldsymbol{z}_{k,n_k}^{\mathrm{H}} \tag{3-78}$$

$\zeta_R(n_k)$ 和 $\zeta_\theta(m_k)$ 的确定方式分别同式（3-49）和式（3-50）。

接下来，使用 DP 技术求解式（3-71），即形成 IGCG-DP-TBD 算法，具体步骤如下。

步骤 1：初始化。当 $k=1$ 时，对所有离散状态 $(n_1, m_1) \in \Omega_R \times \Omega_\theta$，进行如下计算

$$l_1^{(n_1, m_1)} = \arg\max_{l_1 \in \Omega_D} L(n_1, m_1, l_1) \tag{3-79}$$

$$I(n_1, m_1) = L(n_1, m_1, l_1^{(n_1, m_1)}) \tag{3-80}$$

$$\Psi_1(n_1, m_1) = 0 \tag{3-81}$$

$$\Psi_2(l_1) = 0 \tag{3-82}$$

式中，$l_1^{(n_1, m_1)}$ 表示对某一距离–方位状态 (n_1, m_1)，遍历离散多普勒单元集合 Ω_D 后找到的使式（3-72）最大的多普勒单元；$I(n_1,$

m_1）表示第 1 帧中距离–方位状态（n_1，m_1）的值函数；$\Psi_1(\cdot)$ 用以记录距离单元和方位角单元的转移关系；$\Psi_2(\cdot)$ 用以记录多普勒单元的转移关系。

步骤 2：迭代积累。当 $2 \leqslant k \leqslant K$，对所有 $(n_k, m_k) \in \Omega_R \times \Omega_\theta$，进行如下计算

$$l_k^{(n_k, m_k)} = \arg\max_{l_k \in \Omega_D} L(n_k, m_k, l_k) \tag{3-83}$$

$$I(n_k, m_k) = L(n_k, m_k, l_k^{(n_k, m_k)}) + \max_{\substack{n_{k-1} \in \zeta_R(n_k) \\ m_{k-1} \in \zeta_\theta(m_k)}} I(n_{k-1}, m_{k-1}) \tag{3-84}$$

$$\Psi_1(n_k, m_k) = \arg\max_{\substack{n_{k-1} \in \zeta_R(n_k) \\ m_{k-1} \in \zeta_\theta(m_k)}} I(n_{k-1}, m_{k-1}) \tag{3-85}$$

$$\Psi_2(l_k) = l_{k-1}^{(n_{k-1}, m_{k-1})} \tag{3-86}$$

步骤 3：门限判决。当 $k = K$ 时，有

$$\begin{gathered} (\hat{n}_K, \hat{m}_K) = \arg\max_{n_K \in \Omega_R,\ m_K \in \Omega_\theta} I(n_K, m_K) \\ \hat{l}_K = l_K^{(\hat{n}_K, \hat{m}_K)} \\ \text{s. t.} \max_{n_K \in \Omega_R,\ m_K \in \Omega_\theta} I(n_K, m_K) > \gamma_{\mathrm{IGCG}} \end{gathered} \tag{3-87}$$

步骤 4：航迹回溯。当 $k = K-1, \cdots, 1$ 时，有

$$(\hat{n}_k, \hat{m}_k) = \Psi_1(\hat{n}_{k+1}, \hat{m}_{k+1}) \tag{3-88}$$

$$\hat{l}_k = \Psi_2(\hat{l}_{k+1}) \tag{3-89}$$

最终得到估计的目标航迹离散序列为 $\{(\hat{n}_1, \hat{m}_1, \hat{l}_1), (\hat{n}_2, \hat{m}_2, \hat{l}_2), \cdots, (\hat{n}_K, \hat{m}_K, \hat{l}_K)\}$。

3.6 仿真结果

本节将通过仿真实验分别对 K-DP-TBD 算法和 IGCG-DP-TBD 算法的性能进行验证。在仿真场景中，目标和载机均做近似匀速直线运动，目标最大径向速度为 680 m/s。过程噪声服从零均值的高斯分

布，过程噪声功率谱密度为 0. 01。仿真中的 SCR 指单个脉冲在算法处理之前脉冲压缩之后的信杂比。各算法的检测门限利用 $100/P_{fa}$ 次蒙特卡洛仿真得到，其中虚警概率 $P_{fa}=10^{-3}$。其他仿真参数设置如表 3-1 所示。将 Orlando 等[58]的研究在高斯分布杂波下推导的基于 GLRT 检测器的 TBD 算法（记为 G-DP-TBD）和基于幅度检测统计量 DP-TBD（A-DP-TBD）算法作为对比算法。

表 3-1　仿真参数

参数名称	参数值	参数名称	参数值
N_r	32	T_R	15 ms
N_a	4	d	$\lambda/2$
N_p	4	τ_p	0. 2 μs
f_p	800 Hz	θ_0	$-\pi/3$ rad
h	4	N_θ	16
q_r	1	q_θ	1
K	6		

为评估算法对目标的检测和跟踪能力，采用以下性能指标。

（1）目标检测概率 P_d。若最终的积累值函数超过门限，且最后一帧估计的目标位置与真实目标位置的误差不大于 2 个分辨单元，则认为目标被检测到。假设进行 M 次蒙特卡洛仿真，累计 C_1 次判定目标被检测到，则有

$$P_d=\frac{C_1}{M} \tag{3-90}$$

（2）航迹检测概率 $P_{d,\text{track}}$。若最终的积累值函数超过门限，且每一帧估计的目标位置与真实目标位置的误差不大于 2 个分辨单元，则判定航迹被检测到。假设进行 M 次蒙特卡洛仿真，累计 C_2 次判定目标航迹被检测到，则有

$$P_{d,\text{track}}=\frac{C_2}{M} \tag{3-91}$$

3. 6. 1 节展示了 K 分布杂波背景下的 K-DP-TBD 算法的仿真结

果。3.6.2 节展示了 IGCG 分布杂波背景下的 IGCG-DP-TBD 算法的仿真结果。

3.6.1　K 分布杂波背景下的仿真结果

本节在 K 分布杂波背景下对 K-DP-TBD 算法的性能进行讨论。伽马分布的形状参数和尺度参数分别设置为 $\alpha=2$ 和 $\beta=0.6$。10 000 次独立蒙特卡洛仿真的统计结果如图 3-4 所示。

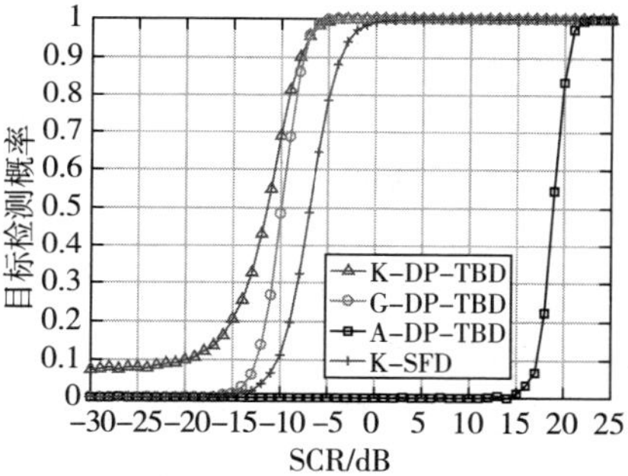

（a）目标检测概率随SCR变化曲线

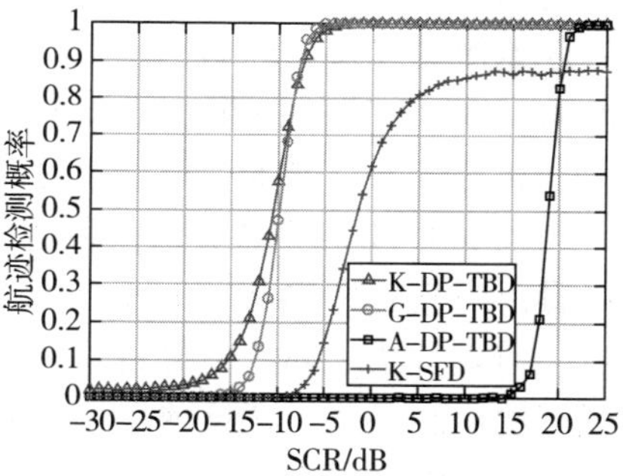

（b）航迹检测概率随SCR变化曲线

图 3-4　K 分布杂波背景下各算法的检测跟踪性能曲线

注：$\alpha = 2, \beta = 0.6$

图 3-4（a）为各算法的目标检测概率 P_d 随 SCR 变化曲线，其中 K-SFD 算法为 K-DP-TBD 算法积累帧数为 1 帧时的情况，表示基于 K 分布杂波推导的检测统计量下的单帧检测算法。从图 3-4（a）中可以看出，K-DP-TBD 算法的检测性能明显优于其他算法。虽然 K-DP-TBD 和 K-SFD 算法均使用了基于 K 分布杂波推导的检测统计量，但 K-DP-TBD 算法相比 K-SFD 算法在检测性能上约有 5 dB 的 SCR 改善，这进一步验证了利用多帧回波数据的 DP-TBD 算法对弱目标检测的有效性。对比 K-DP-TBD 与 G-DP-TBD 算法，在 SCR 低于−7 dB 时，K-DP-TBD 算法的检测性能优于 G-DP-TBD 算法，这是因为 K-DP-TBD 算法使用的多帧检测统计量是根据 K 分布杂波特性推导的，能够更好地适应 K 分布杂波环境，从而充分发挥 TBD 性能。而 G-DP-TBD

算法的检测统计量是基于高斯杂波模型推导的，虽然也使用了 DP-TBD 算法，也利用了目标的空时导向矢量对杂波进行一定程度地抑制，但该算法的检测器性能在 K 分布杂波背景下不是最优的，特别是当 SCR 低于−15 dB 时，G-DP-TBD 算法的检测概率几乎为零。这验证了检测统计量的设计对算法的检测性能有着重要影响。此外，A-DP-TBD 算法的检测性能最差，这是因为 A-DP-TBD 算法直接利用杂波的幅度进行积累，虽然也使用了 DP-TBD 技术，但在具有大量大幅度的 K 分布杂波背景下，该算法很容易积累大幅度的杂波能量，故性能损失严重。例如，在 $P_d = 0.5$ 的条件下，A-DP-TBD 算法相比 K-DP-TBD 算法的检测性能损失约有 30 dB。这进一步验证了结合杂波分布特性的检测统计量设计对改善算法检测性能具有积极作用。

图 3-4（b）为各算法的航迹检测概率 $P_{d,\text{track}}$ 随 SCR 变化曲线，可以看出，其总体趋势与目标检测概率曲线一致，原因同上述分析一致。但各算法之间的差异性有所增大，这是因为 $P_{d,\text{track}}$ 指标不仅反映了算法检测性能，还反映了算法对目标的跟踪性能。其中 K-DP-TBD 算法的检测跟踪性能是几种算法中最佳的，这是因为该算法使用的是结合 K 分布杂波统计特性而设计的检测统计量，并利用了 DP-TBD 算法，故其对 K 分布杂波环境下的弱目标具有良好的检测跟踪性能。

3.6.2 IGCG 分布杂波背景下的仿真结果

本节在 IGCG 分布杂波背景下对 IGCG-DP-TBD 算法的性能进行讨论。逆高斯分布的形状参数和尺度参数分别设置为 $\alpha = 2$ 和 $\beta = 0.6$。10 000 次独立蒙特卡洛仿真的统计结果如图 3-5 所示。

图 3-5（a）为各算法的目标检测概率 P_d 随 SCR 变化曲线，其中 IGCG-SFD 算法为 IGCG-DP-TBD 算法积累帧数为 1 帧时的情况，表示基于 IGCG 分布杂波推导的检测统计量下的单帧检测算法。从图 3-5（a）中可以看出，IGCG-DP-TBD 算法的检测性能明显优于其他算法。IGCG-DP-TBD 和 IGCG-SFD 算法均使用了基于 IGCG 分布杂波推导的检测统计量，但 IGCG-DP-TBD 算法相比 IGCG-SFD 算法在检测性能上约有 7 dB 的 SCR 改善，这进一步验证了 DP-TBD 算法对于提升弱

目标检测性能的有效性。对比 IGCG-DP-TBD 算法和 G-DP-TBD 算法，当 SCR 低于−7 dB 时，IGCG-DP-TBD 算法的检测性能优于 G-DP-TBD 算法的性能，这是因为 IGCG-DP-TBD 算法使用的多帧检测统计量是根据 IGCG 分布杂波特性推导的，能够更好地适应 IGCG 分布杂波环境，从而充分发挥 TBD 算法性能。而 G-DP-TBD 算法虽然也使用了 DP-TBD 技术，但其多帧检测统计量是基于高斯杂波推导的，故在 IGCG 分布杂波背景下的检测性能不是最优的，特别是当 SCR 低于−20 dB时，G-DP-TBD 算法的检测概率几乎为零。这进一步验证了检测统计量的设计对算法性能具有重要影响。此外，A-DP-TBD 算法的检测性能最差，这是因为 A-DP-TBD 算法直接利用杂波的幅度进行能量积累，虽然也使用了 DP-TBD 技术，但在具有大量大幅度的 IGCG 分布杂波背景下，该算法很容易积累大幅度的杂波能量，故性能损失严重。例如在 $P_d=0.5$ 条件下，A-DP-TBD 算法与 IGCG-DP-TBD 算法相比，检测性能损失约有 37 dB。这进一步说明了结合杂波分布统计特性来设计检测统计量对提升算法检测性能有着重要意义。

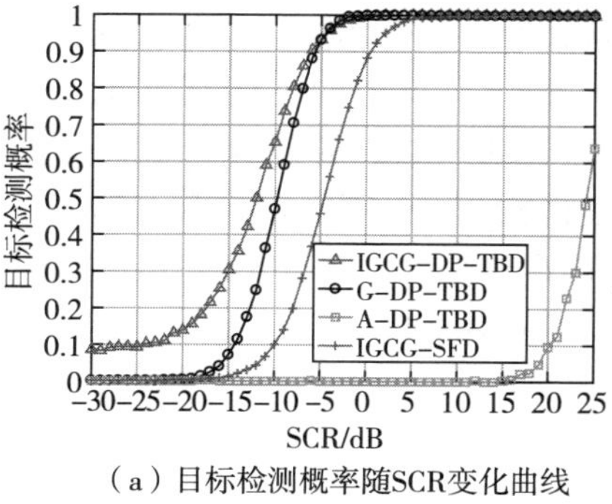

（a）目标检测概率随SCR变化曲线

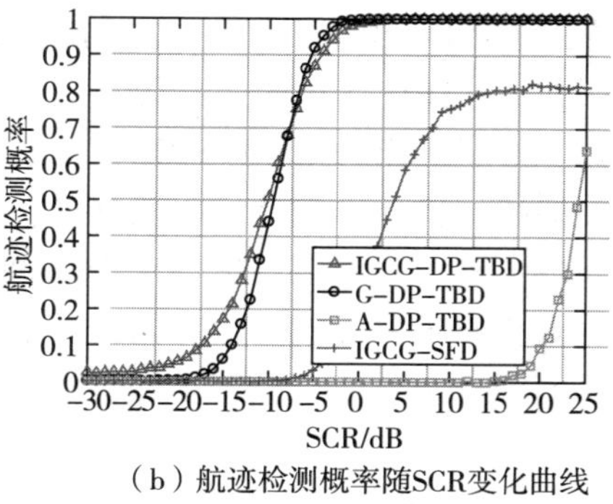

（b）航迹检测概率随SCR变化曲线

图 3-5 IGCG 分布杂波背景下各算法的检测跟踪性能曲线

注：$\alpha=2$，$\beta=0.6$

图 3-5（b）为各算法的航迹检测概率 $P_{d,\text{track}}$ 随 SCR 变化曲线，其总体趋势与目标检测概率曲线一致，原因同上述分析一致。其中 IGCG-DP-TBD 算法的检测跟踪性能是几种算法中最佳的。这说明

IGCG-DP-TBD 算法对 IGCG 分布杂波环境下的弱目标不仅有良好的检测性能，也具有较好的跟踪性能。

3.7 本章小结

本章以机载雷达对海探测为研究背景，以 K 分布杂波和 IGCG 分布杂波两种典型的海杂波模型为例，对非高斯杂波背景下的 DP-TBD 算法展开了研究。首先，本章对机载雷达系统下的检测和跟踪问题进行了建模，包括目标和平台的运动模型、回波信号模型、两种典型的非高斯杂波模型（K 分布和 IGCG 分布模型）和 TBD 框架下的问题模型。然后根据 GLRT 准则，结合非高斯杂波分布的统计特征，推导了 TBD 框架下的多帧检测统计量，提出了分别适用于 K 分布杂波和 IGCG 分布杂波背景的 K-DP-TBD 算法和 IGCG-DP-TBD 算法，并给出了具体的算法流程。最后，通过仿真实验，验证了所提算法在非高斯杂波背景下对弱目标检测跟踪的有效性。在非高斯杂波背景下，相比于传统基于幅度检测统计量的 A-DP-TBD 算法和基于高斯分布杂波推导的 G-DP-TBD 算法，所提算法均具有更优的检测跟踪性能。这也表明在 DP-TBD 算法中，检测统计量的设计对算法的性能具有重要影响。本章提出的 K-DP-TBD 算法和 IGCG-DP-TBD 算法充分利用了杂波的统计特性来设计检测统计量，使得检测统计量能够在非高斯杂波环境下进一步增强目标和杂波之间的差异性，再结合 DP-TBD 算法，有效积累了目标能量，从而提升了检测跟踪性能。

第4章 长时间观测背景下的DP-TBD算法

4.1 引言

在传统 DP-TBD 算法的应用中，通常将算法所需的一帧时间设置为确定值，与雷达扫描周期相同。此外，目标回波信号在一帧时间内通常是相参的，并且目标不会发生距离走动。然而，在某些雷达体制和应用场景中，DP-TBD 算法所需的一帧时间可能是未知的，并且是难以确定的。此外，对于具有 RCS 显著减小的隐身飞机等弱目标，需要更长时间的观测来积累目标的回波能量，以提升雷达对其的检测和跟踪能力。但是在长时间观测下，存在以下两个问题：第一，对于高速运动的目标，距离走动效应难以避免，并且会发生 RCS 的起伏；第二，当目标的速度和所需的 CIT 未知时，DP-TBD 算法所需的积累帧数也是未知且难以确定的。这些问题给 DP-TBD 算法在长时间观测下的应用带来极大困难。

本章将针对以上问题，对 DP-TBD 算法在长时间观测背景下的应用展开研究。具体地，本章将以天波 OTH 雷达（后文简称 OTH 雷达）同时探测空中目标和海面目标（后文简称空海目标）的背景为例，以具有较高运动速度的空中目标（如飞机）为研究对象，结合目标运动约束条件等先验知识，将传统 DP-TBD 算法与相参积累方法相结合，提出了基于运动约束的 DP-TBD（DP-TBD Based on Kinematic Constraint，KC-DP-TBD）算法，来实现 DP-TBD 算法在长时间观测背景下的应用。在此基础上，进一步提出了基于多通道的 DP-TBD（DP-TBD Based on Multiple Channels，MC-DP-TBD）算法，以进一步提升雷达在长时间观测背景下对弱目标的检测跟踪性能。

4.2 研究背景描述

为了便于说明，本章以 OTH 雷达同时探测空海目标的场景为例进行研究。值得注意的是，本章所提算法具有在其他长时间观测背景下检测弱目标的潜力。

OTH 雷达是一种新体制的远程预警雷达。如图 4-1 所示，OTH 雷达利用电离层对高频段电磁波的折射和反射效应，克服地球曲率造成的探测盲区，实现“超视距”目标探测，具有探测距离远、监视区域宽、反隐身性能良好等优点，近年来在雷达领域受到广泛关注。OTH 雷达的优良特性使其常用于执行宽广区域内对多种目标的探测和跟踪任务。特别地，由于 OTH 雷达具有较宽的波束宽度，所以 OTH 雷达常用于对同一方位的空域和海面进行同时监测。

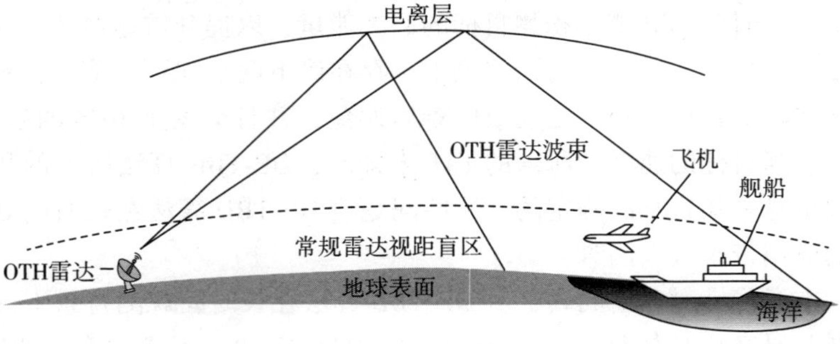

图 4-1　天波 OTH 雷达目标探测示意图

如图 4-1 所示，考虑在 OTH 雷达探测范围内，可能出现一个空中目标（飞机）和一个海面目标（舰船）。它们经过电离层反射的回波位于同一方位，要求 OTH 雷达对其进行探测和跟踪。假设目标的运动近似服从匀速（Constant Velocity，CV）运动模型，海面目标所需的 CIT 已知，用 $CIT^{(s)}$ 表示，空中目标所需的 CIT 未知，用 $CIT^{(a)}$ 表示，空中目标和海面目标的运动速度未知。本章在距离和多普勒非模糊场景的假设下展开讨论。

需要注意的是，由于飞机和舰船具有不同的速度，所以雷达在探测它们时通常需要采用不同的波形参数和 CIT。具体来说，当发射信号的脉冲重复周期为 T，相参积累脉冲个数为 M 时，有 $\mathrm{CIT}=MT$，雷达的多普勒分辨率 Δf_D 为

$$\Delta f_D = \frac{1}{MT} = \frac{1}{\mathrm{CIT}} \tag{4-1}$$

由于舰船这类海面目标的速度较慢，其回波信号在多普勒域上通常位于杂波区域内或杂波区域附近，而杂波会严重影响海面目标的探测，所以通常要求雷达提供较高的多普勒分辨率将海面目标从杂波中分离出来。根据式（4-1），雷达在探测较慢的海面目标时，应采用较长的 CIT，一般为 30～100 s。而对于飞机这类运动速度较快的空中目标，通常采用较短的 CIT，一般为海面目标所需 CIT 的 1/20～1/40。

当 OTH 雷达的监视区域内既有慢速运动的海面目标，又有快速运动的空中目标时，传统的处理方法是采用具有不同 CIT 的波形对空海目标进行交替探测，即雷达先采用较长的 CIT 完成对海面目标的探测，再变换波形采用较短的 CIT 对空中目标进行探测。然而，这种处理方法不利于空中目标的检测和跟踪。因为在对空中目标的相邻两次探测之间，存在一次对海面目标的探测，即对空中目标的探测时间间隔较大。而空中目标可能会在该间隔内发生距离走动，以及发生 RCS 起伏现象，这增加了雷达对空中目标进行检测和跟踪的难度。为了克服这一问题，一些研究致力于缩短对海面目标的 CIT，并使用一些估计方法补偿因缩短 CIT 而引起的多普勒损失。但是，缩短对海面目标的 CIT 会使得回波数据中所包含的海面目标信息有一定缺失，从而造成对海面目标的检测性能损失。Wang 等提出了一种针对 OTH 雷达同时探测空海目标的新型工作方案，该方案并不致力于缩短海面目标的 CIT，而是试图在海面目标所需的长 CIT 中插入数次空中目标探测，并提出一种海面回波数据恢复方法，在提高对空目标探测频次的同时保证海面目标探测性能不受影响。但该方案中对空中目标的探测仍然使用的是传统 DBT 方法。

为了兼顾海面目标的探测、增强对空中弱目标的能量积累、节约雷达的带宽资源，以及最大化时间资源的利用，有必要采用具有同一PRF的波形在较长的观测时间内对空海目标进行同时探测。然而，在较长的观测时间内，对空中目标的检测存在如下问题：第一，空中目标的回波信号在较长的观测时间内是不完全相参的，并且目标会在该时间内发生距离走动，因此，若直接对回波数据进行相参处理，则难以实现对空中目标的有效检测；第二，当空中目标的速度未知，以及难以确定空中目标所需的CIT时，无法对空中目标的回波数据进行有效的相参处理，同时，DP-TBD算法所需的积累帧数也无法确定，使得DP-TBD算法难以被有效实施。综上所述，在长时间观测背景下，当利用OTH雷达对空海目标进行同时探测时，若空中目标的速度和真实所需的CIT未知，如何在不影响海面目标探测性能的前提下，有效提升对空中弱目标的探测性能，是OTH雷达所面临的实际问题。

4.3 系统模型描述

4.3.1 回波信号模型

为了便于讨论和分析，在本章后续讨论中采用海面目标所需的较长的$\mathrm{CIT}^{(s)}$作为总观测时间。将OTH雷达在$\mathrm{CIT}^{(s)}$内接收到的回波数据排列为如下矩阵

$$\boldsymbol{Z} = [\boldsymbol{z}_1^{\mathrm{T}} \cdots \boldsymbol{z}_n^{\mathrm{T}} \cdots \boldsymbol{z}_{N_r}^{\mathrm{T}}]^{\mathrm{T}} \in \mathbb{C}^{N_r \times M^{(s)}} \tag{4-2}$$

式中，N_r为距离单元个数；$M^{(s)}$为$\mathrm{CIT}^{(s)}$内的脉冲个数；$\mathrm{CIT}^{(s)} = TM^{(s)}$；$T$为脉冲重复时间；$\boldsymbol{z}_n \in \mathbb{C}^{1 \times M^{(s)}}$为第$n$个距离单元的回波数据，表示为

$$\boldsymbol{z}_n = [z_n[1] \cdots z_n[m] \cdots z_n[M^{(s)}]] \tag{4-3}$$

式中，$z_n[m]$为第n个距离单元第m个脉冲的回波数据；$n = 1, 2, \cdots, N_r$；$m = 1, 2, \cdots, M^{(s)}$。

值得注意的是，这里考虑的回波数据是 OTH 雷达接收到的经过下变频、匹配滤波、模数转换和电离层相位污染校正后的离散数据。分别用 H_0 和 H_1 表示目标不存在和存在的场景，则目标检测问题可以表示为

$$\begin{cases} H_0: \boldsymbol{z}_n = \boldsymbol{c}_n + \boldsymbol{w}_n \\ H_1: \boldsymbol{z}_n = \boldsymbol{s}_n + \boldsymbol{c}_n + \boldsymbol{w}_n \end{cases} \tag{4-4}$$

式中，$\boldsymbol{w}_n \in \mathbb{C}^{1\times M^{(s)}}$ 表示接收机噪声，通常建模为零均值的复高斯噪声；$\boldsymbol{c}_n \in \mathbb{C}^{1\times M^{(s)}}$ 表示海杂波，基于 Bragg 散射理论，将其表示为

$$\boldsymbol{c}_n[m] = A_1^{(c)}\mathrm{e}^{j(2\pi f_B(m-1)T+\boldsymbol{\varphi}_1[m])} + A_2^{(c)}\mathrm{e}^{j(-2\pi f_B(m-1)T+\boldsymbol{\varphi}_2[m])},$$
$$m = 1, 2, \cdots, M^{(s)} \tag{4-5}$$

式中，$A_1^{(c)}$ 和 $A_2^{(c)}$ 分别为正负两个 Bragg 峰的幅度；$\boldsymbol{\varphi}_1$，$\boldsymbol{\varphi}_2 \in \mathbb{C}^{1\times M^{(s)}}$ 分别为其相位扰动项，通常由电离层的不稳定性造成；$\pm f_B = \pm\sqrt{gf_c/\pi c}$ 为 Bragg 峰对应的多普勒频率，f_c 为雷达载频，g 和 c 分别是重力加速度和光速。式（4-4）中的 $\boldsymbol{s}_n \in \mathbb{C}^{1\times M^{(s)}}$ 为目标的回波信号，可以表示为

$$\boldsymbol{s}_n = \omega_1\boldsymbol{s}_n^{(a)} + \omega_2\boldsymbol{s}_n^{(s)} \tag{4-6}$$

式中，$\boldsymbol{s}_n^{(a)}$ 和 $\boldsymbol{s}_n^{(s)}$ 分别为空中目标和海面目标的回波信号；ω_1，$\omega_2 \in \{0, 1\}$ 且 $\omega_1 + \omega_2 \neq 0$。

由于空中目标的运动速度较高，所以其在较长的观测时间 $\mathrm{CIT}^{(s)}$ 内可能会发生距离走动效应，且 RCS 可能起伏，因此，其回波信号在 $\mathrm{CIT}^{(s)}$ 内可能并不完全相参。根据 4.2 节的假设，在较短的 $\mathrm{CIT}^{(a)}$ 内，空中目标的回波信号是相参的，且目标不会在该时间内发生距离走动。显然，一般有 $\mathrm{CIT}^{(a)} < \mathrm{CIT}^{(s)}$。为了便于描述空中目标的回波信号，将 $\mathrm{CIT}^{(s)}$ 以 $\mathrm{CIT}^{(a)}$ 为间隔划分为 K 个时间片段，由于是人为划分的，故称其中每个时间片段内的回波数据为一个虚拟帧数据。那么空中目标的回波信号 $\boldsymbol{s}_n^{(a)}$ 可以表示为

$$\boldsymbol{s}_n^{(a)} = \sum_{k=1}^{K}\boldsymbol{s}_{n_k}^{(a)} \qquad \text{s.t.} \quad n_k = n \tag{4-7}$$

式中，n_k 表示目标在第 k（$k=1, 2, \cdots, K$）个虚拟帧中所处的距离单元索引；$n_k \in \Omega_R$；$\Omega_R = \{1, 2, \cdots, N_r\}$；$\boldsymbol{s}_{n_k}^{(a)} \in \mathbb{C}^{1 \times M^{(s)}}$ 表示第 n_k 个距离单元的空中目标回波信号，可以建模为

$$\boldsymbol{s}_{n_k}^{(a)}[m] = \begin{cases} A_k^{(a)} e^{j\theta_k^{(a)}} e^{j2\pi f_k^{(a)}(m-1)T}, & m \in [\bar{m}_k^{(\text{first})}, \bar{m}_k^{(\text{last})}] \\ 0, & m \notin [\bar{m}_k^{(\text{first})}, \bar{m}_k^{(\text{last})}] \end{cases} \tag{4-8}$$

式中，$A_k^{(a)}$ 为空中目标在第 k 个虚拟帧的幅度；$\theta_k^{(a)} \in (0, 2\pi]$ 为空中目标在第 k 个虚拟帧的未知随机相位，用以表征目标的 RCS 起伏，且有 $\theta_1^{(a)} \neq \theta_2^{(a)} \neq \cdots \neq \theta_K^{(a)}$；$f_k^{(a)} = 2v_k/\lambda$ 为空中目标在第 k 个虚拟帧的多普勒频率，其中 v_k 为空中目标在第 k 个虚拟帧的速度，λ 是雷达的载波波长；$\bar{m}_k^{(\text{first})}$ 和 $\bar{m}_k^{(\text{last})}$ 分别为 k 个虚拟帧中第一个和最后一个脉冲在全部 $M^{(s)}$ 个脉冲中的序号，分别由式（4-9）和式（4-10）给出

$$\bar{m}_k^{(\text{first})} = (k-1)M^{(a)} + 1, \ k = 1, 2, \cdots, K \tag{4-9}$$

$$\bar{m}_k^{(\text{last})} = \begin{cases} kM^{(a)}, & k = 1, 2, \cdots, K-1 \\ M^{(s)}, & k = K \end{cases} \tag{4-10}$$

式中，$M^{(a)}$ 为 $\text{CIT}^{(a)}$ 内的脉冲个数，且有 $\text{CIT}^{(a)} = TM^{(a)}$，而 $M^{(a)}$ 和 $\text{CIT}^{(a)}$ 均为未知量；K 是虚拟帧的总数目，其数值的确定将在 4.4 节详细讨论。

相对 OTH 雷达的距离分辨率，由于海面目标的速度较慢，所以其在 $\text{CIT}^{(s)}$ 内的走动可以忽略。假设海面目标在 $\text{CIT}^{(s)}$ 内所在的距离单元为 $\bar{n}$，$\bar{n} \in \Omega_R$，则海面目标的回波信号 $\boldsymbol{s}_n^{(s)}$ 可以表示为

$$\boldsymbol{s}_n^{(s)}[m] = \begin{cases} A^{(s)} e^{j\theta^{(s)}} e^{j2\pi f^{(s)}(m-1)T}, & n = \bar{n}, \ m = 1, 2, \cdots, M^{(s)} \\ 0, & n \neq \bar{n}, \ m = 1, 2, \cdots, M^{(s)} \end{cases} \tag{4-11}$$

式中，$(\cdot)^{(s)}$ 表示海目标的参数。

4.3.2 问题建模

由式（4-4）和式（4-6）可知，当空中目标和海面目标同时存在

时，$\boldsymbol{Z}$ 中包含了海面目标和空中目标的回波信息。又由式（4-11）可知，海面目标的回波信号在 $\mathrm{CIT}^{(s)}$ 内是相参的，所以对海面目标的检测通过简单的相参处理方法，如 MTD 方法即可实现。故本章将重点关注空中目标的检测与跟踪问题。为了便于接下来的讨论和分析，令式（4-6）中，$\omega_1 = 1$，$\omega_2 = 0$。需要注意的是，除特殊说明外，本章后续内容所涉及的参数均为空中目标的参数，为了方便描述，部分参数将不再使用上标 $(\cdot)^{(a)}$ 加以区分。

对空中目标而言，式（4-4）中的检测问题在 TBD 框架下可以表示为

$$\max_{X_{1:K} \in \mathbb{R}^{2\times K}} T(\boldsymbol{Z} \mid \boldsymbol{X}_{1:K}) \underset{H_0}{\overset{H_1}{\gtrless}} \gamma \tag{4-12}$$

式中，$T(\cdot)$ 为检测统计量，其具体形式和求解方法将在 4.4 节和 4.5 节进行分析；$\boldsymbol{X}_{1:K} = \{\boldsymbol{x}_1, \boldsymbol{x}_2, \cdots, \boldsymbol{x}_K\}$ 为目标在总观测时间内的航迹；$\boldsymbol{x}_k = (r_k, f_k)$ 为目标在第 k（$k = 1, 2, \cdots, K$）个虚拟帧的状态；r_k 和 f_k 分别为目标相对雷达的径向距离和径向多普勒频率；γ 是为了保证一定的虚警概率（记为 P_{fa}）而设置的门限。

由式（4-8）可知，空中目标的回波信号在 $\mathrm{CIT}^{(s)}$ 内不是完全相参的。虽然空中目标在较长的 $\mathrm{CIT}^{(s)}$ 内会发生距离走动，但在较短的 $\mathrm{CIT}^{(a)}$ 内却通常不会发生距离走动。基于此，对式（4-12）的求解，可以试图在 $\mathrm{CIT}^{(a)}$ 内对回波数据进行相参处理，然后利用 TBD 算法对相参处理结果进行多帧的非相参积累来消除 RCS 起伏的影响，以进一步提升目标的信杂噪比（Signal-to-Clutter-to-Noise Ratio, SCNR），从而实现在长时间 $\mathrm{CIT}^{(s)}$ 内对空中目标的检测和跟踪。然而，关于空中目标的 $\mathrm{CIT}^{(a)}$ 和 $M^{(a)}$ 是未知的，再加上空中目标的速度也是未知的，这就给上述问题的求解带来阻碍。但随着电子战技术的发展，飞机等空中目标的运动约束条件，如最大速度、最大加速度、不同目标类别的速度区间等，通常可以作为先验知识被雷达利用。所以，可以借助目标的运动约束条件对 $\mathrm{CIT}^{(a)}$ 或 $M^{(a)}$ 进行估计，从而实现上述问题的求解。基于此，在后续的 4.4 节和 4.5 节，将分别介绍两种长时间观测背景下的 DP-TBD 算法。

4.4 基于运动约束的 DP-TBD 算法

4.4.1 算法基本原理

假设空中目标的运动约束条件之一——最大速度（记为 v_{max}）是已知的。由 v_{max} 和雷达距离分辨单元（记为 Δr），可推导出目标移动 Δr 的距离时所需的最短时间。再结合目标回波信号模型，可以得到 $M^{(a)}$ 的取值范围。从该取值范围内选取一个合适的 $M^{(a)}$ 值，即可根据该值确定虚拟帧的个数，实现对长时间回波数据的分块。继而在各虚拟帧内对空中目标的回波数据进行相参积累。最后利用 TBD 算法对多个虚拟帧的相参积累结果进行非相参处理，即可实现在长时间观测背景下对空中目标的检测与跟踪。上述过程即为本节提出的基于运动约束的 DP-TBD（KC-DP-TBD）算法，其基本原理如图 4-2 所示。下文将结合图 4-2 详细介绍 KC-DP-TBD 算法中每一部分的原理。

1. $M^{(a)}$ 的选取

记目标在 $\mathrm{CIT}^{(s)}$ 内所跨越的最大距离单元个数为 N_{max}。根据目标的最大速度 v_{max} 和雷达距离分辨单元 Δr，可得 N_{max} 为

$$N_{max}=\left\lceil \frac{v_{max}\,\mathrm{CIT}^{(s)}}{\Delta r}\right\rceil \tag{4-13}$$

由于目标在 $\mathrm{CIT}^{(a)}$ 内不会发生距离走动，所以可得 $\mathrm{CIT}^{(a)}$ 的最小值为

$$\mathrm{CIT}_{min}^{(a)}=\frac{\mathrm{CIT}^{(s)}}{N_{max}} \tag{4-14}$$

继而可得 $\mathrm{CIT}_{min}^{(a)}$ 对应的最小相参脉冲个数为

$$M_{min}^{(a)}=\left\lfloor \frac{\mathrm{CIT}_{min}^{(a)}}{T}\right\rfloor \tag{4-15}$$

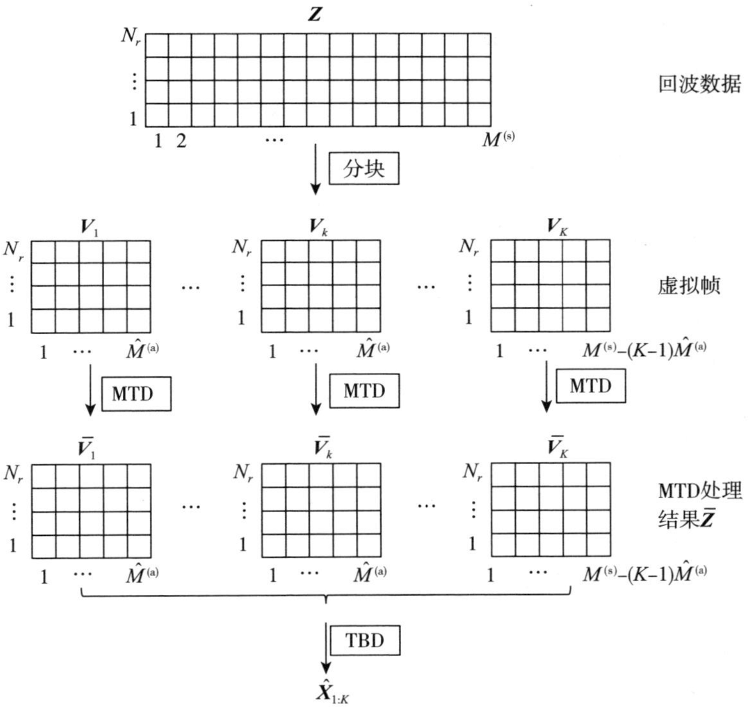

图 4-2　KC-DP-TBD 算法基本原理示意图

将式（4-13）和式（4-14）代入式（4-15），可得

$$M_{\min}^{(\mathrm{a})} = \left\lfloor \frac{\Delta r}{v_{\max} T} \right\rfloor \tag{4-16}$$

继而可得 $M^{(\mathrm{a})}$ 的取值应满足以下不等式

$$M_{\min}^{(\mathrm{a})} \leqslant M^{(\mathrm{a})} \leqslant M^{(\mathrm{s})} \tag{4-17}$$

记估计的目标相参脉冲个数为 $\hat{M}^{(\mathrm{a})}$，其满足式（4-17），则目标真实的相参脉冲个数 $M^{(\mathrm{a})}$ 与其估计值 $\hat{M}^{(\mathrm{a})}$ 之间有如下关系：

（1）当 $\hat{M}^{(\mathrm{a})} = M^{(\mathrm{a})}$ 时，$\hat{M}^{(\mathrm{a})}$ 是一个最优估计，但由式（4-17）恰好选取到该最优值是困难的；

（2）当 $\hat{M}^{(a)} > M^{(a)}$ 时，目标在 $\hat{M}^{(a)}T$ 时间内的回波数据不是完全相参的，故当对 $\hat{M}^{(a)}$ 个脉冲的回波数据进行相参处理时，会造成一定程度的性能损失；

（3）当 $\hat{M}^{(a)} < M^{(a)}$ 时，当对 $\hat{M}^{(a)}$ 个脉冲的回波数据进行相参处理时，目标的信息没有被充分利用。

明显地，对 $M^{(a)}$ 的选取应尽可能接近其真实值，并应尽可能保证进行相参处理数据的相参性。

2. 回波数据的分块及虚拟帧的形成

根据式（4-17），选取一个 $M^{(a)}$ 值，将回波数据矩阵 $\boldsymbol{Z}$ 划分为 K 个子矩阵，即有

$$\boldsymbol{Z} = [\boldsymbol{V}_1 \cdots \boldsymbol{V}_k \cdots \boldsymbol{V}_K] \tag{4-18}$$

式中，子矩阵 $\boldsymbol{V}_k$ 因为是人为划分的，故称之为虚拟帧数据，有

$$\boldsymbol{V}_k = [\bar{\boldsymbol{z}}_{1,\ k}^{\mathrm{T}} \cdots \bar{\boldsymbol{z}}_{n,\ k}^{\mathrm{T}} \cdots \bar{\boldsymbol{z}}_{N_r,\ k}^{\mathrm{T}}]^{\mathrm{T}} \in \mathbb{C}^{N_r \times \bar{M}_k} \tag{4-19}$$

式中，

$$\bar{\boldsymbol{z}}_{n,\ k} = [\boldsymbol{z}_n[\bar{m}_k^{(\mathrm{first})}] \cdots \boldsymbol{z}_n[\bar{m}_k^{(\mathrm{last})}]] \in \mathbb{C}^{1 \times \bar{M}_k} \tag{4-20}$$

$$\begin{aligned}\bar{M}_k &= \bar{m}_k^{(\mathrm{last})} - \bar{m}_k^{(\mathrm{first})} + 1 \\ &= \begin{cases} M^{(a)},\ k = 1,\ 2,\ \cdots,\ K-1 \\ M^{(s)} - (k-1)M^{(a)}, \qquad k = K \end{cases}\end{aligned} \tag{4-21}$$

$$K = \left\lceil \frac{M^{(s)}}{M^{(a)}} \right\rceil \tag{4-22}$$

由式（4-22）可知，随着 $M^{(a)}$ 值的增加，K 的数值会减小，这意味着后续进行非相参处理的虚拟帧数也会减少。而根据第 2 章对 TBD 算法性能的分析，非相参积累的增益会随着积累帧数的增加而增加。再结合上述对 $M^{(a)}$ 与 $\hat{M}^{(a)}$ 之间关系的分析，为了保证算法的稳健性，按如下方式选取 $\hat{M}^{(a)}$ 的值

$$\hat{M}^{(a)} = M_{\min}^{(a)} = \left\lfloor \frac{\Delta r}{v_{\max} T} \right\rfloor \tag{4-23}$$

3. MTD 处理

由式（4-13）~式（4-16）的推导过程和式（4-8）可知，当

$M^{(a)}$ 取值为 $M_{\min}^{(a)}$ 时，各虚拟帧内空中目标回波信号的随机相位保持不变，且没有距离走动效应发生，所以可以在虚拟帧内对回波数据进行相参处理。采用 MTD 方法对每一个虚拟帧数据进行相参积累，可得

$$\bar{\boldsymbol{Z}} = [\bar{\boldsymbol{V}}_1 \cdots \bar{\boldsymbol{V}}_k \cdots \bar{\boldsymbol{V}}_K] \tag{4-24}$$

式中，

$$\bar{\boldsymbol{V}}_k = \mathrm{DFT}(\boldsymbol{V}_k) \tag{4-25}$$

式中，DFT(·) 表示在慢时间域的离散傅里叶变换（Discrete Fourier Transform，DFT）。

4. TBD 处理

根据式（4-8）中的 $\theta_1^{(a)} \neq \theta_2^{(a)} \neq \cdots \neq \theta_K^{(a)}$ 可知，空中目标的回波信号在各虚拟帧之间是非相参的，又因为相位是未知信息，故在虚拟帧之间只能进行非相参积累。采用 TBD 算法对 $\bar{\boldsymbol{Z}}$ 进行处理，即对 K 帧经过 MTD 处理后的数据进行非相参处理，以实现对目标的检测与跟踪。式（4-12）可以转化为如下形式

$$\max_{X_{1:K} \in \mathbb{R}^{2\times K}} T(\bar{\boldsymbol{Z}} \mid \boldsymbol{X}_{1:K}) \underset{H_0}{\overset{H_1}{\gtrless}} \gamma \tag{4-26}$$

$$\hat{\boldsymbol{X}}_{1:K} = \arg \max_{X_{1:K} \in \mathbb{R}^{2\times K}} T(\bar{\boldsymbol{Z}} \mid \boldsymbol{X}_{1:K}) \tag{4-27}$$

式中，$\hat{\boldsymbol{X}}_{1:K} = (\hat{\boldsymbol{x}}_1, \hat{\boldsymbol{x}}_2, \cdots, \hat{\boldsymbol{x}}_K)$ 表示估计的目标航迹。

考虑到 DP-TBD 算法的广泛应用及工程实现的便利性，采用 DP 技术来求解式（4-26）和式（4-27）中的优化问题。选择回波信息的幅度和作为检测统计量。

4.4.2　算法流程

由于距离和多普勒频率的取值是连续的，所以式（4-26）和式（4-27）中的优化问题没有闭合解。因此，需要先将目标的状态空间进行离散化。此外，为了方便 DP 算法的实施，还需要将状态空间与量测空间进行映射。采用如下方式进行离散和映射

$$i_k = \left\lceil \frac{r_k}{\Delta r} \right\rceil \tag{4-28}$$

$$j_k = \left[\frac{(\bar{M}_k - 1)f_k T + \bar{M}_k + 1}{2}\right] \tag{4-29}$$

式中，i_k 为目标所在距离单元的索引，且 $i_k \in \Omega_R$；j_k 为目标所在多普勒单元的索引，且 $j_k \in \Omega_D$；$\Omega_D = \{1, 2, \cdots, \bar{M}_k\}$；$(i_k, j_k)$ 为目标状态 $\boldsymbol{x}_k$ 对应的离散化状态；$[\cdot]$ 表示四舍五入取整运算。

经过上述处理后，式（4-26）和式（4-27）中的优化问题可在离散状态空间 $\Omega = \Omega_R \times \Omega_D$ 上进行求解，即有

$$\max_{\bar{X}_{1:K} \in \Omega^K} T(\bar{\boldsymbol{Z}} \mid \bar{\boldsymbol{X}}_{1:K}) \underset{H_0}{\overset{H_1}{\gtrless}} \gamma \tag{4-30}$$

$$\hat{\bar{\boldsymbol{X}}}_{1:K} = \arg \max_{\bar{X}_{1:K} \in \Omega^K} T(\bar{\boldsymbol{Z}} \mid \bar{\boldsymbol{X}}_{1:K}) \tag{4-31}$$

式中，$\hat{\bar{\boldsymbol{X}}}_{1:K} = \{(\hat{i}_1, \hat{j}_1), \cdots, (\hat{i}_K, \hat{j}_K)\}$ 为在离散空间上估计的目标航迹；Ω^K 为集合 Ω 的 K 阶笛卡尔积。

KC-DP-TBD 算法的总体流程伪代码见算法 4-1。

4.4.3 计算复杂度分析

KC-DP-TBD 算法的计算复杂度主要体现在式（4-30）中的 DFT 和 DP-TBD 步骤。DFT 步骤可以用快速傅里叶变换（Fast Fourier Transform，FFT）实现，其计算复杂度为

$$O(n\log_2 n) \tag{4-32}$$

式中，n 为进行处理的数据尺寸。根据式（4-25）、式（4-19）和式（4-21），在单个虚拟帧内最多需要以序列长度 $n = M^{(a)}$ 运行 N_r 次 FFT 运算，则 K 个虚拟帧的 DFT 算法的最大计算复杂度为

$$O(KN_r M^{(a)} \log_2 M^{(a)}) \tag{4-33}$$

而 DP-TBD 算法的最大计算复杂度为

$$O(KN_r M^{(a)}) \tag{4-34}$$

则 KC-DP-TBD 算法的最大计算复杂度为

$$O(KN_r M^{(a)} + KN_r M^{(a)} \log_2 M^{(a)}) \tag{4-35}$$

算法 4-1　KC-DP-TBD 算法流程

Input：$\boldsymbol{Z}$，Δr，T，$v_{\max}$，$M^{(s)}$。

Output：目标的存在性和估计航迹 $\hat{\hat{\boldsymbol{X}}}_{1:K}$。

通过式（4-23）计算 $\hat{M}^{(a)}$，通过式（4-22）计算 K；
分块：通过式（4-18）~式（4-21）将 $\boldsymbol{Z}$ 划分为 K 个虚拟帧；
for $1 \leqslant k \leqslant K$ **do**
　MTD 处理：计算 $\bar{\boldsymbol{V}}_k = \mathrm{DFT}(\boldsymbol{V}_k)$；
end for
TBD 处理：
for $k=1$，对所有离散状态 $(i_1, j_1) \in \Omega$ **do**
　计算值函数：$I(i_1, j_1) = |\bar{\boldsymbol{V}}_1(i_1, j_1)|$；
　记录状态转移关系：$\Psi(i_1, j_1) = 0$；
end for
for $2 \leqslant k \leqslant K$，对所有离散状态 $(i_k, j_k) \in \Omega$ **do**
　计算状态转移集合：$\zeta_R(i_k) = \{\max(1, i_k - l_r) : \min(i_k + l_r, N_r)\}$，$\zeta_D(j_k) = \{\max(1, j_k - l_d) : \min(j_k + l_d, \bar{M}_k)\}$，其中 l_r 和 l_d 分别为目标在相邻两个虚拟帧之间最大的距离单元转移个数和多普勒单元转移个数；
　更新：$I(i_k, j_k) = |\bar{\boldsymbol{V}}_k(i_k, j_k)| + \max\limits_{i_{k-1} \in \zeta_R(i_k),\, j_{k-1} \in \zeta_D(j_k)} I(i_{k-1}, j_{k-1})$；
　记录：$\Psi(i_k, j_k) = \arg\max\limits_{i_{k-1} \in \zeta_R(i_k),\, j_{k-1} \in \zeta_D(j_k)} I(i_{k-1}, j_{k-1})$；
end for
if $\max\limits_{(i_K, j_K) \in \Omega} I(i_K, j_K) > \gamma$ **then**
　for $k = K$ **do**
　　$\hat{\hat{\boldsymbol{x}}}_K = (\hat{i}_K, \hat{j}_K) = \arg\max\limits_{(i_K, j_K) \in \Omega} I(i_K, j_K)$；
　end for
　for $K-1 \leqslant k \leqslant 1$ do
　　$\hat{\hat{\boldsymbol{x}}}_K = (\hat{i}_k, \hat{j}_k) = \Psi(\hat{i}_{k+1}, \hat{j}_{k+1})$；
　end for
end if
if $\{\hat{\hat{\boldsymbol{x}}}_1, \hat{\hat{\boldsymbol{x}}}_2, \cdots, \hat{\hat{\boldsymbol{x}}}_K\} \neq \varnothing$ **then**
　输出：“目标存在”和估计目标航迹 $\hat{\hat{\boldsymbol{X}}}_{1:K} = \{\hat{\hat{\boldsymbol{x}}}_1, \hat{\hat{\boldsymbol{x}}}_2, \cdots, \hat{\hat{\boldsymbol{x}}}_K\}$。

算法 4-1 KC-DP-TBD 算法流程

```
26: else
27:     输出: ∅ 和 "目标不存在"
28: end if
```

4.5 基于多通道的 DP-TBD 算法

4.4 节所提的 KC-DP-TBD 算法是利用目标的最大速度这一运动约束条件来估计目标所需的相参脉冲个数，进而将长时间内的回波数据划分为多个虚拟帧数据，然后分别在虚拟帧内进行相参积累，在虚拟帧间进行非相参积累来提升弱目标的 SCNR，从而实现弱目标的检测与跟踪。然而，当目标的真实速度远小于最大速度时，目标真实需要的相参脉冲个数要大于算法中进行处理的相参脉冲个数，此时回波数据的相参特性在 KC-DP-TBD 算法中没有被充分利用。针对这一问题，在 4.4 节的基础上，本节提出一种基于多通道的 DP-TBD（MC-DP-TBD）算法。该算法利用目标更多的运动约束条件，将目标的速度范围划分为多个速度区间，并设置对应这些速度区间的多个并行处理通道。相比 KC-DP-TBD 算法，本节提出的 MC-DP-TBD 算法能够进一步缩小相参脉冲个数的估计区间，在各通道内部能够更加精细化地进行相参处理，从而进一步提升雷达对弱目标的检测与跟踪性能。

4.5.1 算法基本原理

当目标以速度 v 运动时，将其在 $\mathrm{CIT}^{(s)}$ 内跨越的距离单元个数记为 N，则

$$N = \left\lceil \frac{v\,\mathrm{CIT}^{(s)}}{\Delta r} \right\rceil \tag{4-36}$$

根据空中目标在 $\mathrm{CIT}^{(a)}$ 内不会发生距离走动这一特性，可得

$$\mathrm{CIT}^{(a)} = \frac{\mathrm{CIT}^{(s)}}{N} \tag{4-37}$$

结合式（4-36）和式（4-37）可得

$$M^{(a)}=\frac{\mathrm{CIT}^{(a)}}{T}=\left\lfloor\frac{\Delta r}{vT}\right\rfloor \tag{4-38}$$

由式（4-38）可以看出，$M^{(a)}$ 与 v 有关。但是由于 v 是一个未知量，所以无法精确求得 $M^{(a)}$ 的值。

假设 v 的取值范围是已知的，即有先验知识 $v\in[v_{\min},\ v_{\max}]$，其中 $v_{\min}$ 和 $v_{\max}$ 分别表示目标的最小速度和最大速度。则根据式（4-38）可得 $M^{(a)}$ 的取值范围为

$$M_{\min}^{(a)}\leqslant M^{(a)}\leqslant M_{\max}^{(a)} \tag{4-39}$$

式中，

$$M_{\min}^{(a)}=\left\lfloor\frac{\Delta r}{v_{\max}T}\right\rfloor \tag{4-40}$$

$$M_{\max}^{(a)}=\min\left(\left\lfloor\frac{\Delta r}{v_{\min}T}\right\rfloor,\ M^{(s)}\right) \tag{4-41}$$

根据4.4.1节的分析，$M^{(a)}$ 的取值应尽可能接近目标真实所需的相参脉冲个数。但是由于目标速度 v 未知，并且飞机这类空中目标的速度范围通常较广，因此，式（4-39）中 $M^{(a)}$ 的取值范围也较大，这给恰当选取相参脉冲个数以进行后续相参处理带来困难。对此，将目标的速度区间划分为 N_c 份，以进一步缩小 $M^{(a)}$ 的估计范围。N_c 是一个正整数，且 $N_c\geqslant 2$。速度区间的划分应满足以下条件

$$\begin{cases}v\in[v_{\min}^{(1)},\ v_{\max}^{(1)}]\cup[v_{\min}^{(2)},\ v_{\max}^{(2)}]\cup\cdots\cup[v_{\min}^{(N_c)},\ v_{\max}^{(N_c)}]\\ v_{\min}^{(1)}=v_{\min}\\ v_{\max}^{(N_c)}=v_{\max}\\ v_{\min}^{(p)}=v_{\max}^{(p-1)},\ p=2,\ 3,\ \cdots,\ N_c\end{cases} \tag{4-42}$$

式中，$v_{\max}^{(p)}$ 和 $v_{\min}^{(p)}$ 分别为第 p（$p=1,\ 2,\ \cdots,\ N_c$）个速度区间内的最大速度和最小速度，并假设它们是已知量。需要说明的是，N_c 的值可以根据实际应用场景或目标类型进行预设。例如，可以将目标分为两类：高速目标和低速目标，则在这种情形下，$N_c=2$。又例如，可以将目标分为三类：高速目标、中速目标和低速目标，则在这种情

形下，$N_c = 3$。

对应上述多个速度区间，建立多个处理通道，提出 MC-DP-TBD 算法，其总体方案框架如图 4-3 所示。将长时间内的回波数据 $\boldsymbol{Z}$ 输入到 N_c 个通道中，在每个通道中，处理流程是独立且并行的。各通道中的具体处理流程将在 4.5.2 节进行详细描述。

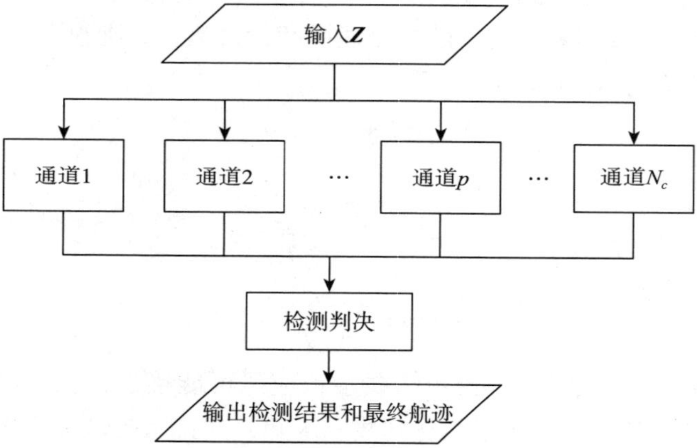

图 4-3　MC-DP-TBD 算法的总体方案框图

4.5.2　算法流程

由于各通道相互独立，且并行处理相同的回波数据 $\boldsymbol{Z}$，所以各通道内的算法处理流程是相同的，如图 4-4 所示。

以下为图 4-4 中各步骤的具体描述。

1. 回波数据的分块及虚拟帧的形成

记第 p（$p = 1, 2, \cdots, N_c$）个通道内的估计相参脉冲个数为 $\hat{M}_p^{(a)}$，根据式（4-39），其应满足如下条件

$$M_{p,\min}^{(a)} \leqslant \hat{M}_p^{(a)} \leqslant M_{p,\max}^{(a)} \tag{4-43}$$

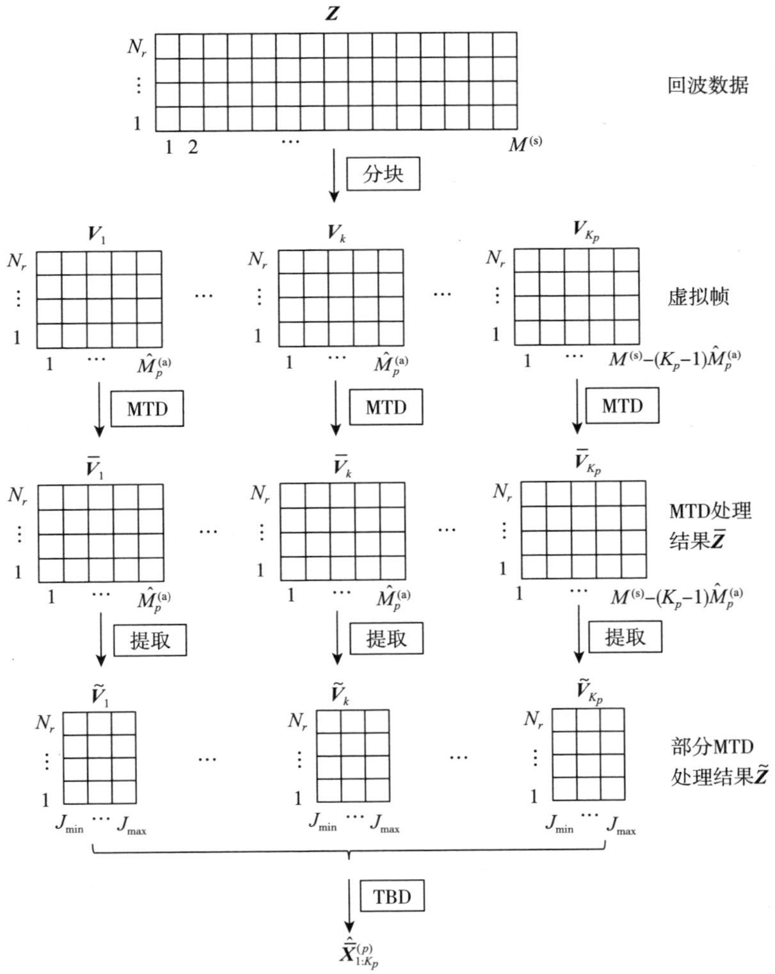

图 4-4　第 p（$p=1, 2, \cdots, N_c$）个通道内的算法处理流程示意图

式中，

$$M_{p,\min}^{(a)} = \left\lfloor \frac{\Delta r}{v_{\max}^{(p)} T} \right\rfloor \tag{4-44}$$

$$M_{p,\ \max}^{(a)} = \min\left(\left\lfloor \frac{\Delta r}{v_{\min}^{(p)} T} \right\rfloor,\ M^{(s)}\right) \tag{4-45}$$

在第 p 个通道内将回波数据划分为 K_p 个虚拟帧，即

$$\boldsymbol{Z} = [\boldsymbol{V}_1 \cdots \boldsymbol{V}_k \cdots \boldsymbol{V}_{K_p}] \tag{4-46}$$

式中，

$$\boldsymbol{V}_k = [\bar{\boldsymbol{z}}_{1,\ k}^{\mathrm{T}} \cdots \bar{\boldsymbol{z}}_{n,\ k}^{\mathrm{T}} \cdots \bar{\boldsymbol{z}}_{N_r,\ k}^{\mathrm{T}}]^{\mathrm{T}} \in \mathbb{C}^{N_r \times \bar{M}_{k,\ p}} \tag{4-47}$$

$$\bar{\boldsymbol{z}}_{n,\ k} = [\boldsymbol{z}_n[\overline{m}_{k,\ p}^{(\mathrm{first})}] \cdots \boldsymbol{z}_n[\overline{m}_{k,\ p}^{(\mathrm{last})}]] \in \mathbb{C}^{1 \times \bar{M}_{k,\ p}} \tag{4-48}$$

$$K_p = \left\lceil \frac{M^{(s)}}{\hat{M}_p^{(a)}} \right\rceil \tag{4-49}$$

式（4-48）中的 $\overline{m}_{k,\ p}^{(\mathrm{first})}$ 和 $\overline{m}_{k,\ p}^{(\mathrm{last})}$ 分别表示在第 p 个通道，第 k 个虚拟帧中第一个和最后一个脉冲在全部 $M^{(s)}$ 个脉冲中的序号，分别由下式给出

$$\overline{m}_{k,\ p}^{(\mathrm{first})} = (k-1)\hat{M}_p^{(a)} + 1,\ k = 1,\ 2,\ \cdots,\ K_p \tag{4-50}$$

$$\overline{m}_{k,\ p}^{(\mathrm{last})} = \begin{cases} k\hat{M}_p^{(a)},\ k = 1,\ 2,\ \cdots,\ K_p - 1 \\ M^{(s)},\ k = K_p \end{cases} \tag{4-51}$$

且有

$$\begin{aligned} \bar{M}_{k,\ p} &= \overline{m}_{k,\ p}^{(\mathrm{last})} - \overline{m}_{k,\ p}^{(\mathrm{first})} + 1 \\ &= \begin{cases} \hat{M}_p^{(a)}, & k = 1,\ 2,\ \cdots,\ K_p - 1 \\ M^{(s)} - (k-1)\hat{M}_p^{(a)}, & k = K_p \end{cases} \end{aligned} \tag{4-52}$$

根据 4.4.1 节所讨论的 $\hat{M}^{(a)}$ 与 $M^{(a)}$ 之间的关系，综合考虑算法的稳健性，令

$$\hat{M}_p^{(a)} = M_{p,\ \min}^{(a)} = \left\lfloor \frac{\Delta r}{v_{\max}^{(p)} T} \right\rfloor \tag{4-53}$$

2. MTD 处理

采用 MTD 方法对每个虚拟帧内的回波数据进行相参处理，可得

$$\bar{\boldsymbol{Z}} = [\bar{\boldsymbol{V}}_1 \cdots \bar{\boldsymbol{V}}_k \cdots \bar{\boldsymbol{V}}_{K_p}] \tag{4-54}$$

式中，$\overline{\boldsymbol{V}_k} = \mathrm{DFT}(\boldsymbol{V}_k)$。

3. 提取部分 MTD 处理结果

由于 $v_{\min}^{(p)}$ 和 $v_{\max}^{(p)}$ 是已知参数，故在多普勒维，仅需在速度区间 $[v_{\min}^{(p)},\ v_{\max}^{(p)}]$ 对应的多普勒范围内进行后续的 TBD 处理。因此，需要对每个虚拟帧中 MTD 处理后的结果进行部分提取。例如，在第 N_c 个处理通道中，其对应的是目标的高速区间，则应提取高频多普勒单元部分的 MTD 处理结果。将各个通道的提取结果排列成一个矩阵，可得

$$\tilde{\boldsymbol{Z}} = [\widetilde{\boldsymbol{V}}_1 \cdots \widetilde{\boldsymbol{V}}_k \cdots \widetilde{\boldsymbol{V}}_{K_p}] \tag{4-55}$$

式中，$\widetilde{\boldsymbol{V}}_k$ 为从第 k 个虚拟帧的 MTD 处理结果 $\overline{\boldsymbol{V}}_k$ 中提取出的部分数据，即

$$\widetilde{\boldsymbol{V}}_k = \overline{\boldsymbol{V}_k}[1:N_r,\ J_{\min}^{(p)}:J_{\max}^{(p)}] \in \mathbb{C}^{N_r \times N_f^{(p)}} \tag{4-56}$$

式中，$N_f^{(p)} = J_{\max}^{(p)} - J_{\min}^{(p)} + 1$；$J_{\min}^{(p)}$ 和 $J_{\max}^{(p)}$ 分别为 $v_{\min}^{(p)}$ 和 $v_{\max}^{(p)}$ 对应的多普勒单元索引。

在 4.4 节所提的 KC-DP-TBD 算法中，TBD 处理需要在全局多普勒范围内进行。相比 KC-DP-TBD 算法，MC-DP-TBD 算法中的提取步骤能为后续 TBD 处理减小计算负荷，提升搜索效率。此外，对于速度未知的目标，该步骤缩小了多普勒搜索范围，更有利于提升雷达对目标的检测与跟踪性能。

4. TBD 处理

在 $\tilde{\boldsymbol{Z}}$ 上进行 TBD 处理，每个通道中的 TBD 处理框架表达如下

$$\max_{\bar{X}_{1:K_p}^{(p)} \in \Omega^{K_p}} T(\tilde{\boldsymbol{Z}} \mid \overline{\boldsymbol{X}}_{1:K_p}^{(p)}) \underset{H_0}{\overset{H_1}{\gtrless}} \gamma \tag{4-57}$$

$$\hat{\overline{\boldsymbol{X}}}_{1:K_p}^{(p)} = \begin{cases} \arg \max\limits_{\bar{X}_{1:K_p}^{(p)} \in \Omega^{K_p}} T(\tilde{\boldsymbol{Z}} \mid \overline{\boldsymbol{X}}_{1:K_p}^{(p)}), & H_1 \\ \varnothing, & H_0 \end{cases} \tag{4-58}$$

$$h_p = \begin{cases} 1, & H_1 \\ 0, & H_0 \end{cases} \tag{4-59}$$

式中：$\hat{\overline{\boldsymbol{X}}}_{1:K_p}^{(p)} = \{\hat{\bar{\boldsymbol{x}}}_1^{(p)},\ \hat{\bar{\boldsymbol{x}}}_2^{(p)},\ \cdots,\ \hat{\bar{\boldsymbol{x}}}_{K_p}^{(p)}\}$ 为在第 p 个通道内，估计的

目标离散航迹序列；$\hat{\boldsymbol{x}}_k^{(p)} = (\hat{i}_k^{(p)}, \hat{j}_k^{(p)})$ 为在第 p 个通道内，目标在第 k（$k = 1, 2, \cdots, K_p$）个虚拟帧的估计离散状态；i_k 为距离单元索引，$i_k \in \Omega_R$，$\Omega_R = \{1, 2, \cdots, N_r\}$；$j_k$ 为多普勒单元索引，$j_k \in \Omega_D$，$\Omega_D = \{J_{\min}, J_{\min}+1, \cdots, J_{\max}\}$；$\Omega = \Omega_R \times \Omega_D$；$h_p$ 为第 p 个通道的权重，该参数的设置是为了后续检测判决步骤的进行。选用 DP 技术来实现上述 TBD 处理。

5. 检测判决

如 4.2 节提到的，本章考虑的目标运动模型服从 CV 模型，结合提取步骤的设置，当目标存在时，MC-DP-TBD 算法在理论上应仅有一个通道有过门限的输出。但是当目标的速度恰好是相邻两个速度区间的交界值时，理论上相邻两个处理通道均应有过门限输出。然而根据式（4-53），以及根据 $\hat{M}^{(a)}$ 与 $M^{(a)}$ 之间的关系可知，低速区间对应通道内的相参性要优于高速区间对应处理通道内的相参性。基于此，对各通道的 TBD 处理结果做如下预处理

$$\begin{gathered}\hat{\hat{\boldsymbol{X}}}_{1:K_{\bar{p}}}^{(\bar{p})} = \varnothing \\ \text{s.t.} \sum_{p=1}^{N_c} h_p > 1\end{gathered} \tag{4-60}$$

式中，$\bar{p} = \arg\max_p \{p \mid h_p = 1\}$。该预处理表示：当有两个通道有过门限输出时，将高速区间对应通道的输出赋空，以便进行后续的检测判决

$$\hat{\hat{\boldsymbol{X}}}_{1:K} = \sum_{p=1}^{N_c} \hat{\hat{\boldsymbol{X}}}_{1:K_p}^{(p)} \tag{4-61}$$

式中，$K = \{K_p \mid p = \arg\min_p \{p \mid h_p = 1\}\}$；$\hat{\hat{\boldsymbol{X}}}_{1:K} = \{\hat{\boldsymbol{x}}_1, \hat{\boldsymbol{x}}_2, \cdots, \hat{\boldsymbol{x}}_K\}$ 为最终估计的目标离散航迹序列；$\hat{\boldsymbol{x}}_k = (\hat{i}_k, \hat{j}_k)$；$k = 1, 2, \cdots, K$。如果 $\hat{\hat{\boldsymbol{X}}}_{1:K}$ 不是一个空集，则宣布目标存在；否则，宣布目标不存在。

MC-DP-TBD 算法的总体流程伪代码见算法 4-2。

算法 4-2　MC-DP-TBD算法流程

Input：Z，N_c，Δr，T，$M^{(s)}$，$v_{\min}^{(1)}$，$v_{\min}^{(2)}$，$\cdots$，$v_{\min}^{(N_r)}$，$v_{\max}^{(1)}$，$v_{\max}^{(2)}$，$\cdots$，$v_{\max}^{(N_r)}$。

Output：目标的存在性和估计航迹 $\hat{\bar{X}}_{1:K}$。

1：　**for** $1 \leqslant p \leqslant N_c$ **do**

2：　　通过式（4-53）计算 $\hat{M}_p^{(a)}$，通过式（4-49）计算 K_p；

3：　　分块：通过式（4-46）～式（4-48），式（4-50）和式（4-51）将 Z 划分为 K_p 个虚拟帧；

4：　　**for** $1 \leqslant k \leqslant K_p$ **do**

5：　　　MTD 处理：计算 $\bar{V}_k = \mathrm{DFT}(V_k)$；

6：　　　提取部分 MTD 处理结果：通过式（4-56）计算 $\tilde{V}_k$；

7：　　**end for**

8：　　TBD 处理：

9：　　**for** $k = 1$，对所有离散状态 $(i_1, j_1) \in \Omega$ **do**

10：　　　计算值函数：$I(i_1, j_1) = |\tilde{V}_1(i_1, j_1)|$；

11：　　　记录状态转移关系：$\Psi(i_1, j_1) = 0$；

12：　　**end for**

13：　　**for** $2 \leqslant k \leqslant K_p$，对所有离散状态 $(i_k, j_k) \in \Omega$ **do**

14：　　　计算状态转移集合：$\zeta_R(i_k) = \{\max(1, i_k - l_r) : \min(i_k + l_r, N_r)\}$，$\zeta_D(j_k) = \{\max(J_{\min}^{(p)}, j_k - l_d) : \min(j_k + l_d, J_{\max}^{(p)})\}$，其中 l_r 和 l_d 分别为目标在相邻两个虚拟帧之间最大的距离单元转移个数和多普勒单元转移个数；

15：　　　更新：$I(i_k, j_k) = |\tilde{V}_k(i_k, j_k)| + \max\limits_{i_{k-1} \in \zeta_R(i_k), j_{k-1} \in \zeta_D(j_k)} I(i_{k-1}, j_{k-1})$；

16：　　　记录：$\Psi(i_k, j_k) = \arg \max\limits_{i_{k-1} \in \zeta_R(i_k), j_{k-1} \in \zeta_D(j_k)} I(i_{k-1}, j_{k-1})$；

17：　　**end for**

18：　　**if** $\max\limits_{(i_{K_r}, j_{K_r}) \in \Omega} I(i_{K_r}, j_{K_r}) > \gamma$ **then**

19：　　　令 $h_p = 1$；

20：　　　**for** $k = K_p$ **do**

21：　　　　$\hat{\bar{x}}_{K_r}^{(p)} = (\hat{i}_{K_r}, \hat{j}_{K_r}) = \arg \max\limits_{(i_{K_r}, j_{K_r}) \in \Omega} I(i_{K_r}, j_{K_r})$；

22：　　　**end for**

23：　　　**for** $K_p - 1 \leqslant k \leqslant 1$ **do**

24：　　　　$\hat{\bar{x}}_{K_r}^{(p)} = (\hat{i}_k, \hat{j}_k) = \Psi(\hat{i}_{k+1}, \hat{j}_{k+1})$；

算法 4-2 MC-DP-TBD 算法流程

      end for
    else
      令 $h_p = 0, \hat{\hat{\boldsymbol{X}}}_{1:K_p}^{(p)} = \varnothing$；
    end if
  end for
  判决：由式（4-60）和式（4-61）得到 $\hat{\hat{\boldsymbol{X}}}_{1:K}$；
  if $\hat{\hat{\boldsymbol{X}}}_{1:K} \neq \varnothing$ **then**
    输出：“目标存在”和估计目标航迹 $\hat{\hat{\boldsymbol{X}}}_{1:K}$。
  else
    输出：$\varnothing$ 和“目标不存在”
  end if

4.5.3 计算复杂度分析

值得注意的是，虽然 MC-DP-TBD 算法中有 N_c 个通道，但是每个通道的处理过程是独立且并行的，因此，整个算法的计算复杂度取决于单个通道的最大计算复杂度。不同于 KC-DP-TBD 算法，由于提取步骤的存在，MC-DP-TBD 算法中进行 DP-TBD 处理的多普勒单元数为 N_f，且有 $N_f \leqslant M^{(a)}$。因此，类比于式（4-35），可得 MC-DP-TBD 算法的计算复杂度为

$$O(N_r N_f K + K N_r N_f \log_2 N_f) \tag{4-62}$$

4.6 仿真结果

本节通过仿真实验对 KC-DP-TBD 算法和 MC-DP-TBD 算法的性能进行验证。首先在 4.6.1 节和 4.6.2 节对两种算法的检测跟踪性能分别进行评估，仿真中采用航迹检测概率 $P_{d,\text{track}}$ 这一指标来评估算法的性能。然后在 4.6.3 节对两种算法的平均运行时间进行了对比。

4.6.1　KC-DP-TBD 算法的仿真结果

本小节对 KC-DP-TBD 算法进行仿真实验，并与传统 MTD 算法进行性能对比。此外，还评估了 KC-DP-TBD 算法中 $M^{(a)}$ 的取值对算法性能的影响。

设置仿真场景中有一个空中目标，其初始状态为（821 km，200 m/s），沿径向做匀速直线运动，其最大速度 v_{max} = 420 m/s 。过程噪声服从零均值的高斯分布，过程噪声功率谱密度为 0.01。仿真中的 SCNR 指单个脉冲在算法处理之前脉冲压缩之后的信杂噪比。杂噪比（Clutter-to-Noise Ratio，CNR）设置为 30 dB。利用 $100/P_{fa}$ 次蒙特卡洛仿真得到检测门限 γ，其中虚警概率 $P_{fa}=10^{-3}$ 。其他仿真参数设置如表 4-1 所示。在上述参数设置基础上，本小节设计了两个仿真场景，分别称为场景 A 和场景 B。场景 A 中目标真实的相参脉冲个数为 640，场景 B 中为 1 280。其他仿真参数设置相同。两个场景下 500 次蒙特卡洛的统计结果分别如图 4-5 和图 4-6 所示。

表 4-1　系统参数

参数名称	参数值
T	10 ms
$CIT^{(s)}$	51.2 s
$M^{(s)}$	5 120
λ	10 m
N_r	32
Δr	3 km

如图 4-5 所示，在目标真实相参脉冲个数为 640 的场景 A 中，给出了 KC-DP-TBD 算法与 MTD 算法对目标的航迹检测概率 $P_{d,\text{track}}$ 随 SCNR 变化曲线，同时也给出了不同 $M^{(a)}$ 取值下 KC-DP-TBD 算法的 $P_{d,\text{track}}$ 曲线。从图 4-5 中可以看出，不同 $M^{(a)}$ 取值下的 KC-DP-TBD 算法的航迹检测性能均优于 MTD 算法。例如，在 $P_{d,\text{track}}=0.9$ 的条件下，

大约有 2 dB 到 7 dB 的 SCNR 改善。这是因为 MTD 算法直接对整个观测时间内不完全相参的回波数据进行相参处理，显然会造成性能损失。而 KC-DP-TBD 算法首先将长时间的回波数据划分为多个较短时间的虚拟帧，在各虚拟帧内对回波数据进行相参处理，一定程度上保证了相参性；随后在相参处理的结果上利用 DP-TBD 技术进行虚拟帧间的非相参积累，一定程度上消除了 RCS 起伏的影响，从而整体上提升了对目标的航迹检测性能。

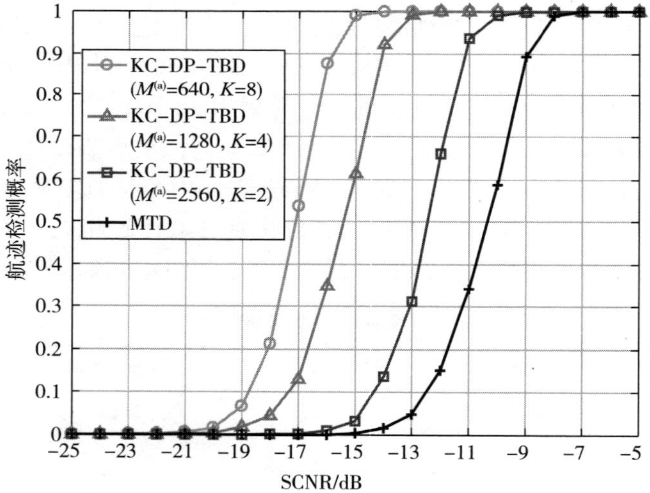

图 4-5　场景 A 中不同算法的航迹检测概率随 SCNR 变化曲线

在三种不同 $M^{(a)}$ 取值下的 KC-DP-TBD 算法中，$M^{(a)}=640$，$K=8$ 时的 KC-DP-TBD 算法性能最佳。因为其用于相参处理的脉冲个数与目标真实所需的相参脉冲个数相同。随着 $M^{(a)}$ 的增加，虚拟帧数 K 的值会减少，对应算法的性能也降低。这是因为一方面，当 KC-DP-TBD 算法选取的 $M^{(a)}$ 值大于目标真实所需的相参脉冲个数时，随着 $M^{(a)}$ 的增加，用于相参处理的数据中，不相参的脉冲个数也随之增加，这会造成一定的性能损失；另一方面，K 值的减少也使得用于非相参处理的虚拟帧数减少，也在一定程度上使得 TBD 算法的性能降低。

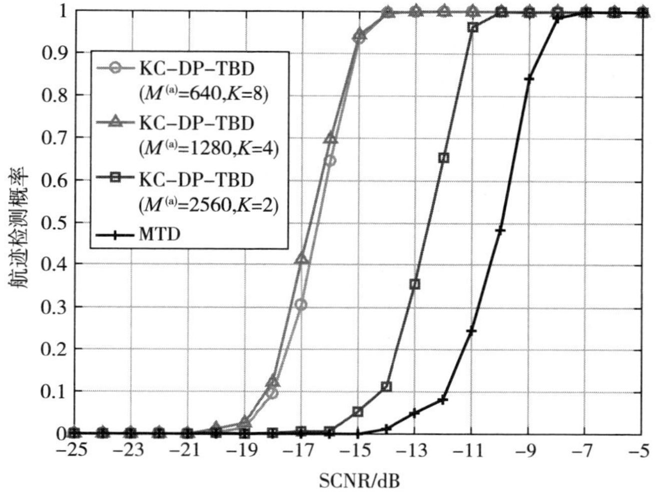

图 4-6　场景 B 中不同算法的航迹检测概率随 SCNR 变化曲线

在场景 B 中，当目标真实相参脉冲个数为 1 280 时，不同 $M^{(a)}$ 取值下 KC-DP-TBD 算法与 MTD 算法的 $P_{d,\text{track}}$ 随 SCNR 变化的曲线如图 4-6 所示。从图 4-6 中可以看出，三种 $M^{(a)}$ 取值下的 KC-DP-TBD 算法的航迹检测性能依然优于 MTD 算法，这进一步验证了 KC-DP-TBD 算法的有效性。在三种不同 $M^{(a)}$ 取值下的 KC-DP-TBD 算法中，$M^{(a)} = 1\,280$, $K = 4$ 的 KC-DP-TBD 算法性能最佳，这是因为其用于相参处理的脉冲个数与目标真实所需的脉冲个数相同。此外，$M^{(a)} = M_{\min}^{(a)} = 640$, $K = 8$ 的 KC-DP-TBD 算法能够近似达到最佳算法的性能，这验证了在 KC-DP-TBD 算法中采用 $M_{\min}^{(a)}$ 个脉冲进行相参处理和确定虚拟帧数目这一决策的稳健性。

4.6.2　MC-DP-TBD 算法的仿真结果

本小节对 MC-DP-TBD 算法进行仿真实验，从算法的有效性、$M^{(a)}$ 的取值对算法性能的影响和通道个数对算法性能的影响这三个方面对 MC-DP-TBD 算法进行验证与性能分析。仿真场景中设置有一个空中目标，其以未知的速度沿径向做近似匀速运动，初始径向距离为821.5 km。仿真中通用的雷达系统参数设置如表4-2所示。基于常见空中目标的基本特征分布，设置仿真中使用的通道参数如表4-3所示。过程噪声服从零均值的高斯分布，过程噪声功率谱密度为0.01。杂噪比CNR = 30 dB。MC-DP-TBD算法中每个通道的检测门限 γ 是通过 $100/P_{fa}$ 次蒙特卡洛仿真得到的，其中虚警概率 $P_{fa}=10^{-3}$。仿真结果是通过500次蒙特卡洛仿真统计得到的。

表4-2　雷达系统参数

参数名称	参数值
T	10 ms
$\mathrm{CIT}^{(s)}$	48 s
$M^{(s)}$	4 800
λ	10 m
N_r	32
Δr	3 km

表4-3　通道参数

N_c	$v_{\min}$ / (m/s)	$v_{\max}^{(1)}$ / (m/s)	$v_{\max}^{(2)}$ / (m/s)	$v_{\max}^{(3)}$ / (m/s)	$v_{\max}$ / (m/s)
1	62.5	—	—	—	500
2	62.5	125	—	—	500
3	62.5	125	250	—	500
4	62.5	125	250	375	500

1. MC-DP-TBD算法对不同速度类型目标的有效性验证

为了验证MC-DP-TBD算法对目标检测跟踪的有效性，本节考虑如下三种场景。

场景1：空中目标是一个高速目标，其初始速度在（250 m/s, 500 m/s］之间随机产生；

场景2：空中目标是一个中速目标，其初始速度在（125 m/s, 250 m/s］之间随机产生；

场景3：空中目标是一个低速目标，其初始速度在［62.5 m/s,

125 m/s］之间随机产生。

通道参数设置为表 4-3 中 N_c = 3 时的参数。为了方便后续讨论，将通道 1、通道 2 和通道 3 分别记为低速处理通道（Low-Speed Processing Channel，LPC）、中速处理通道（Medium-Speed Processing Channel，MPC）和高速处理通道（High-Speed Processing Channel，HPC）。

三个场景下的仿真结果如图 4-7 所示，其中 MTD 算法和 KC-DP-TBD 算法作为对比算法。为了更加充分地说明 MC-DP-TBD 算法的有效性，将检测判决步骤前各通道的处理结果也在图 4-7 中进行了展示。

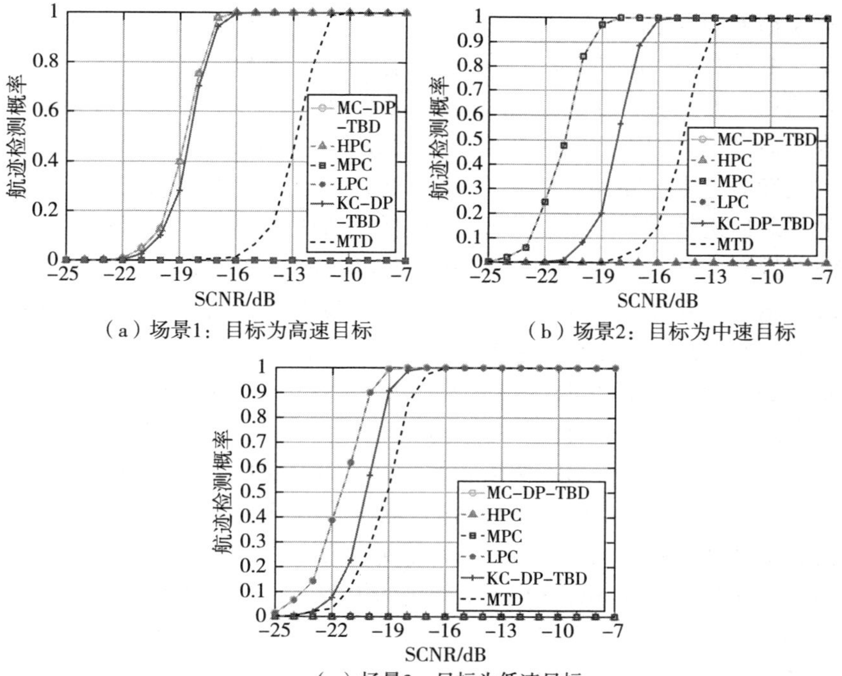

（a）场景1：目标为高速目标

（b）场景2：目标为中速目标

（c）场景3：目标为低速目标

图 4-7　不同场景下各算法的航迹检测概率随 SCNR 变化曲线

对于高速目标，从图 4-7（a）中可以得出如下结论。

（1）在 SCNR 为−25～−7 dB 的范围内，MC-DP-TBD 算法的性能曲线与 HPC 的性能曲线一致，而其他两个通道的 $P_{d,\text{track}}$ 均为零。这说明对于高速目标，只有 HPC 有过门限的输出，MC-DP-TBD 算法在检测判决步骤后得到的最终输出与 HPC 的输出是一致的。这是因为在提取步骤后，DP-TBD 算法在 HPC 中是在高频多普勒单元上实施的，在 MPC 中是在中频多普勒单元上实施的，在 LPC 中是在低频多普勒单元上实施的。因而高速目标的回波能量没有在 MPC 和 LPC 上被积累。类似的分析也适用于图 4-7（b）的中速目标和图 4-7（c）中的低速目标。

（2）与 MTD 算法对比，MC-DP-TBD 算法在 $P_{d,\text{track}}=0.9$ 的条件下能获得大约 6 dB 的 SCNR 改善。MTD 算法相当于 $M^{(a)}=M^{(s)}$，$K=1$，$N_c=1$ 时的 MC-DP-TBD 算法，且没有提取部分 MTD 处理结果、TBD 处理和检测判决的步骤，而是直接对长时间的回波数据进行相参处理。但是长时间内的回波数据并不是完全相参的，因此 MTD 算法会造成性能损失。MC-DP-TBD 算法将长时间的回波数据输入多个并行的处理通道，在每个通道内部，根据相应的速度区间，将长时间的回波数据划分为多个虚拟帧，对每个虚拟帧内的回波数据进行相参处理，相比 MTD 的处理方式，能在一定程度上保证相参性；此外 MC-DP-TBD 算法还通过 DP-TBD 算法在虚拟帧间进行了非相参处理，一定程度上减小了 RCS 起伏的影响。由此可知，MC-DP-TBD 算法更好地利用了回波中的目标信息，所以能获得更高的 SCNR 增益。

（3）与 KC-DP-TBD 算法相比，MC-DP-TBD 算法与其性能曲线接近，但略优于 KC-DP-TBD 算法。这是因为对于高速目标，$v_{\max}$ 对应的相参脉冲个数为 $M_3^{(a)}=600$，其在两种算法中均被有效使用，所以性能曲线相近。在 MC-DP-TBD 算法的 HPC 中，DP-TBD 算法仅在高频多普勒单元实施，而在 KC-DP-TBD 算法中，DP-TBD 算法却在全部多普勒单元上使用。这意味着 MC-DP-TBD 算法的搜索区域更加小和精确，从而减少了虚假航迹的出现，提升了对高速目标的检测与跟踪性能。

对于中速目标，从图 4-7（b）可以得出如下结论。

在 SCNR 为-25~-7 dB 范围内，MC-DP-TBD 算法的性能曲线与 MPC 的性能曲线一致，而其他两个通道的 $P_{d,\text{track}}$ 均为零。这说明对于中速目标，只有 MPC 有过门限的输出，MC-DP-TBD 算法在检测判决步骤后得到的最终输出与 MPC 的输出是一致的。

与 MTD 算法对比，MC-DP-TBD 算法在 $P_{d,\text{track}}=0.9$ 的条件下能获得大约 6 dB 的 SCNR 改善。原因与上述对图 4-7（a）分析中的第二点一致。仿真结果表明，对于中速目标，与 MTD 算法相比，MC-DP-TBD 算法依然可以获得较高的 SCNR 增益。

与 KC-DP-TBD 算法相比，MC-DP-TBD 算法在 $P_{d,\text{track}}=0.9$ 的条件下可以获得约 2.5 dB 的 SCNR 改善。这是因为对于中速目标，$v\in(125\ \text{m/s},\ 250\ \text{m/s}]$，其真实所需的相参脉冲个数 $M^{(\text{a})}\in[1\,200,\ 2\,400)$，在 MC-DP-TBD 算法的 MPC 通道中，实际进行相参处理的脉冲个数为 $v_{\max}^{(2)}=250\ \text{m/s}$ 对应的 $\hat{M}^{(\text{a})}=1\,200$。而在 KC-DP-TBD 算法中，实际进行相参处理的脉冲个数为 $v_{\max}=500\ \text{m/s}$ 对应的 $\hat{M}^{(\text{a})}=600$。显然，$\hat{M}^{(\text{a})}=1\,200$ 更接近真实的相参脉冲个数，且当 $\hat{M}^{(\text{a})}=1\,200$ 时，用以进行相参处理的回波信息更充分。此外值得注意的是，尽管 MPC 中用以进行非相参处理的虚拟帧数 $K=4$ 要小于 KC-DP-TBD 算法中的 $K=8$，但 MC-DP-TBD 算法的性能依然优于 KC-DP-TBD 算法，这反映了非相参积累的 SCNR 增益要小于相参积累的 SCNR 增益。

对于低速目标，从图 4-7（c）可以得出如下结论。

在 SCNR 为-25~-7 dB 范围内，MC-DP-TBD 算法的性能曲线与 LPC 的性能曲线一致，而其他两个通道的 $P_{d,\text{track}}$ 均为零。这说明对于低速目标，只有 LPC 有过门限的输出，MC-DP-TBD 算法在检测判决步骤后得到的最终输出与 LPC 的输出是一致的。

与 MTD 算法对比，MC-DP-TBD 算法在 $P_{d,\text{track}}=0.9$ 的条件下能获得大约 2.5 dB 的 SCNR 改善。原因与上述对图 4-7（a）分析中的第二点一致。仿真结果表明，对于低速目标，与 MTD 算法相比，MC-DP-TBD 算法依然可以获得较高的 SCNR 增益。

与 KC-DP-TBD 算法相比，MC-DP-TBD 算法在 $P_{d,\text{track}}=0.9$ 条件下可以获得约 1 dB 的 SCNR 改善。原因与上述对图 4-7（b）分析中的

第三点一致。

2. $M^{(a)}$ 的取值对 MC-DP-TBD 算法性能的影响

为了进一步验证 $M^{(a)}$ 的取值对 MC-DP-TBD 算法的性能影响，本小节将比较 MC-DP-TBD 算法中每个通道的性能。为了保证当目标存在时，每个通道均有过门限输出，在仿真中将删去提取步骤和检测判决步骤。这意味着将直接在虚拟帧上对所有多普勒单元进行 TBD 处理。通道参数和场景设置同 4.6.2 节第 2 部分。仿真结果如图 4-8 所示。

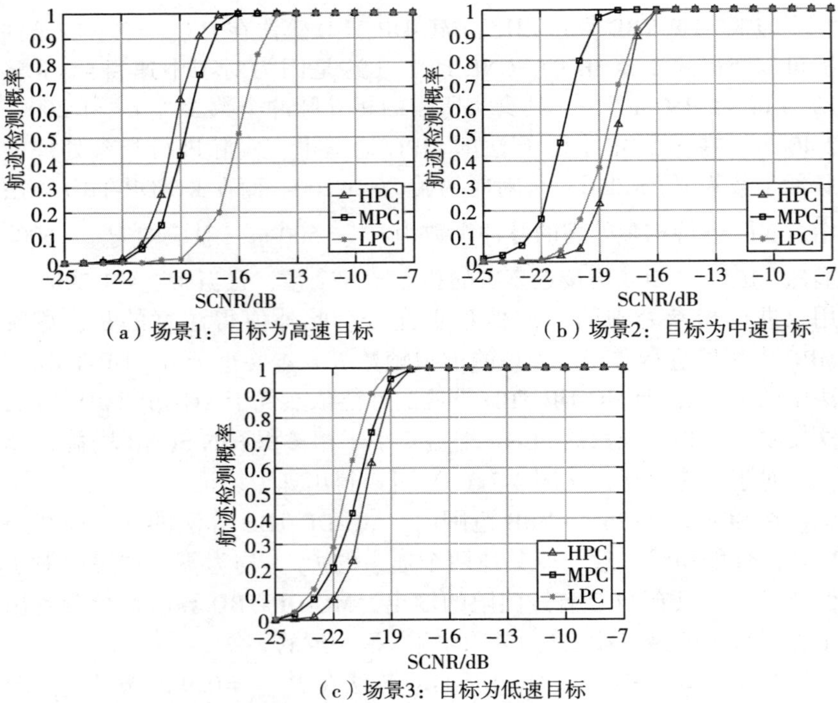

（a）场景1：目标为高速目标

（b）场景2：目标为中速目标

（c）场景3：目标为低速目标

图 4-8　不同场景下 MC-DP-TBD 算法中各通道内的航迹检测概率随 SCNR 变化曲线

从图 4-8（a）可以看出，对于高速目标，HPC 的性能是三个处理通道中最好的。从图 4-8（b）可以看出，对于中速目标，MPC

的性能是三个处理通道中最好的。从图 4-8（c）可以看出，对于低速目标，LPC 的性能是三个处理通道中最好的。根据式（4-53）、式（4-49）和表 4-3 中的参数，可得

$$\hat{M}_1^{(a)} = 2\,400,\ K_1 = 2 \tag{4-63}$$

$$\hat{M}_2^{(a)} = 1\,200,\ K_2 = 4 \tag{4-64}$$

$$\hat{M}_3^{(a)} = 600,\ K_3 = 8 \tag{4-65}$$

对于高速目标，在三个通道中，HPC 中的 $\hat{M}_3^{(a)} = 600$ 是最接近真实相参脉冲个数的估计，且 $K_3 = 8$ 是其中用于非相参处理最多的虚拟帧数。这表明在三个通道中，HPC 的相参处理和非相参处理对提升 SCNR 增益的效果都是最佳的。类似的分析也适用于解释图 4-8（b）中关于中速目标场景的仿真结果和图 4-8（c）中关于低速目标的仿真结果。需要指出的是，在图 4-8（b）和图 4-8（c）中，虽然 HPC 中用以非相参积累的虚拟帧数是最多的，但 HPC 的性能却不是最优的，这是因为非相参积累的 SCNR 增益要小于相参积累带来的 SCNR 增益。

此外，值得说明的是，当删去提取步骤和检测判决步骤后，HPC 等价于 KC-DP-TBD 算法。因此，对于中速和低速目标，如果按照 KC-DP-TBD 算法中根据 $v_{\max}$ 计算 $\hat{M}^{(a)}$ 的选值方式，得到的相参脉冲个数与 MC-DP-TBD 算法中 HPC 的相参脉冲个数相同，不能获得最优的性能，如图 4-8（b）和图 4-8（c）的结果所示。这表明 KC-DP-TBD 算法对于非高速目标的检测与跟踪存在一定的局限性。

3. 通道数 N_c 对 MC-DP-TBD 算法性能的影响

为了验证 MC-DP-TBD 算法对不同通道个数 N_c 的适用性，以及讨论 N_c 取值对算法性能的影响，本小节比较了 MC-DP-TBD 算法在 $N_c = 1$、$N_c = 2$、$N_c = 3$ 和 $N_c = 4$ 时的性能。仿真中设置目标的初始速度在（250 m/s，375 m/s］之间随机产生，不同 N_c 下的通道参数设置同表 4-3，仿真结果如图 4-9 所示。

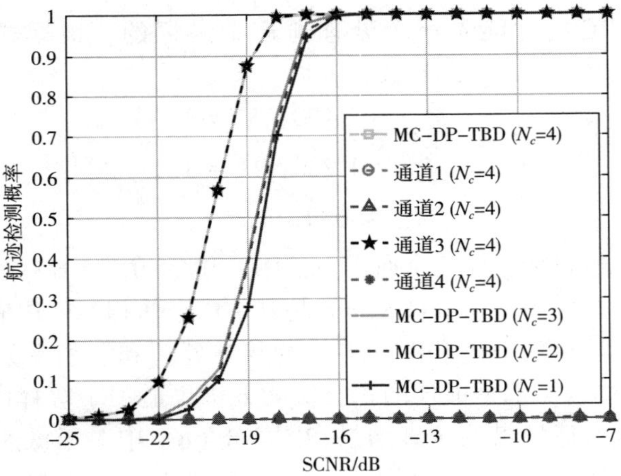

图 4-9 不同通道数下 MC-DP-TBD 算法的航迹检测概率随 SCNR 变化曲线

从图 4-9 中可以得出如下结论。

在 SCNR 为−25～−7 dB 范围内，当 $N_c=4$ 时，MC-DP-TBD 算法的性能曲线与通道 3 的性能曲线一致，而其他通道的 $P_{d,\mathrm{track}}$ 均为零。这表明当目标存在时，只有速度区间［250 m/s，375 m/s］对应的通道 3 有过门限输出，且经过检测判决步骤后，MC-DP-TBD 算法的最终输出即为通道 3 的过门限输出。这是因为在对部分 MTD 处理结果进行提取步骤之后，DP-TBD 算法在通道 1 中的速度区间［62.5 m/s，125 m/s］对应的多普勒单元上实施，在通道 2 中的速度区间［125 m/s，250 m/s］对应的多普勒单元上实施，在通道 3 中的速度区间［250 m/s，375 m/s］对应的多普勒单元上实施，在通道 4 中的速度区间［375 m/s，500 m/s］对应的多普勒单元上实施，而目标的真实速度在（250 m/s，375 m/s］之间，故只有通道 3 能够有效积累目标能量。又根据式（4-58）～式（4-60）可知，只有通道 3 有过门限的输出，而其他通道的输出为空集。所以，通道 1、通道 2 和通道 4 的 $P_{d,\mathrm{track}}$ 均为零。这表明 MC-DP-TBD 算法在 $N_c=4$ 时依然有效。类似的分析也适用于 $N_c=3$ 和 $N_c=2$ 的情况。

与 $N_c=3$、$N_c=2$ 和 $N_c=1$ 时的 MC-DP-TBD 算法对比，$N_c=4$ 时的 MC-DP-TBD 算法在 $P_{d,\text{track}}=0.9$ 时能分别获得约 1.70 dB、1.72 dB 和 1.80 dB 的 SCNR 改善。这是因为当 $N_c=4$ 时，通道 3 中使用的相参脉冲个数为 $v_{\max}^{(3)}=375$ m/s 对应的 800，而当 $N_c=3$ 时的通道 3（HPC）、$N_c=2$ 时的通道 2 和 $N_c=1$ 时的单通道内，使用的相参脉冲个数均为 $v_{\max}=500$ m/s 对应的600。根据式（4-39），速度 $v\in(250$ m/s，375 m/s］对应的真实相参脉冲个数 $M^{(a)}\in[800, 1\,200)$。显然 $\hat{M}^{(a)}=800$ 比 $\hat{M}^{(a)}=600$ 更接近真实的相参脉冲个数，所以当 $\hat{M}^{(a)}=800$ 时用以进行相参处理的目标回波信息更充分。

$N_c=3$、$N_c=2$ 和 $N_c=1$ 的 MC-DP-TBD 算法性能曲线非常接近，这是因为在这三种情况下使用的相参脉冲个数均为 $v_{\max}=500$ m/s 对应的 600。但是 $N_c=3$ 的性能曲线略优于 $N_c=2$ 和 $N_c=1$ 的性能曲线，$N_c=2$ 的性能曲线略优于 $N_c=1$ 的性能曲线。这都是因为提取步骤的存在。当包含目标真实速度的范围越大，TBD 处理中多普勒的搜索范围就越大，这将使 DP-TBD 处理中搜索范围内的杂波和噪声增多，从而降低了目标的检测和跟踪性能。

综上所述，随着通道个数的增加，目标速度区间的划分将会更加精细化，从而选取到更优相参脉冲个数的概率增大，进而能够进一步提升算法的检测跟踪性能。

4.6.3 平均运行时间评估

本节通过仿真对 MC-DP-TBD、KC-DP-TBD 和 MTD 算法的平均运行时间进行验证和对比。在每次蒙特卡洛运行中，目标的初始速度在［62.5 m/s，500 m/s］之间随机产生，SCNR = −5 dB。MC-DP-TBD 算法中的通道参数设置如表 4-3 所示。所有算法均在 PC 端（Intel@ R Core（TM）i7-10700 CPU 2.90GHz 2.90 GHz，RAM 16.0 GB）的 MATLAB 2016 软件上进行验证。仿真结果如表 4-4 所示。

根据式（4-33）、式（4-35）和式（4-62）可知，MTD 算法的计算复杂度最低，KC-DP-TBD 算法的计算复杂度最高，MC-DP-TBD 算法的计算复杂度介于两者之间。表 4-4 所示仿真结果同理论分析一致。

表 4-4　不同算法的平均运行时间对比

算法	通道 1	通道 2	通道 3	通道 4
MC-DP-TBD（N_c = 4）	51.0 ms	124.5 ms	127.0 ms	136.7 ms
MC-DP-TBD（N_c = 3）	50.9 ms	124.4 ms	256.6 ms	—
MC-DP-TBD（N_c = 4）	50.9 ms	391.5 ms	—	—
KC-DP-TBD	513.8 ms	—	—	—
MTD	2.7 ms	—	—	—

4.7　本章小结

本章以 OTH 雷达同时探测空海目标的场景为例，对长时间观测背景下有效检测运动弱目标的问题进行了研究。在目标速度未知和所需相参积累时间未知的情况下，现有 DP-TBD 算法难以有效实施，因为目标在长时间内会发生距离走动，且非相参积累的帧数难以确定。对此，本章首先建立了 OTH 雷达空海目标同时探测背景下的回波信号模型和问题模型，然后提出了 KC-DP-TBD 算法和 MC-DP-TBD 算法来求解该问题。

KC-DP-TBD 算法和 MC-DP-TBD 算法均是利用目标的运动约束条件，将长时间的回波数据进行分块处理，以确定相参积累时间和非相参积累帧数，从而结合相参积累与非相参积累方法，提升雷达对弱目标的检测跟踪性能。MC-DP-TBD 算法在 KC-DP-TBD 算法的基础上，利用更多的目标运动约束条件，将速度区间进一步细化为多个子区间，并对应速度子区间建立多个独立并行的处理通道，缩小了目标相参脉冲个数的估计范围，从而进一步提升了雷达对弱目标的检测跟踪性能。

通过仿真实验验证了这两种算法在弱目标检测跟踪方面的有效性，相较于 KC-DP-TBD 算法，MC-DP-TBD 算法具有更优的检测跟踪性能。仿真实验还讨论了算法中相参脉冲个数对算法性能的影响，并使用目标最大速度（MC-DP-TBD 算法中为通道对应的最大速度）对应的最小相参脉冲个数对算法的稳健性进行了验证。此外，仿真结果还表明，在 MC-DP-TBD 算法中增加通道数可以进一步提升算法性能。值得说明的是，KC-DP-TBD 算法是 MC-DP-TBD 算法的一个特例，即当通道数为 1 且在全局多普勒域进行 DP 搜索时，MC-DP-TBD 算法与 KC-DP-TBD 算法等效。最后，需要注意的是，所提算法在某些场景下存在一定局限性：首先，当目标的运动速度低于最大速度时，KC-DP-TBD 算法的性能会下降；其次，MC-DP-TBD 算法是针对匀速运动目标设计的，当目标机动时，由于可能会有多个通道有输出，从而导致检测判决紊乱，或者由于目标能量没有被有效积累而造成漏检，因此 MC-DP-TBD 算法不适用于机动目标场景。

第5章 长时间观测背景下针对机动目标的DP-TBD算法

5.1 引言

第 4 章在假设目标做匀速运动的前提下，研究了长时间观测背景下的目标检测问题。其中，提出的 KC-DP-TBD 算法是基于目标的最大速度选取的相参脉冲个数和确定 TBD 积累帧数，来实现目标能量的相参积累和非相参积累，该方法在目标以最大速度运动时具有较好的检测跟踪性能。提出的 MC-DP-TBD 算法，是仅针对匀速运动的目标设计的，当目标机动时，算法会因多个通道均有输出而造成判决紊乱，或因目标能量没有被充分有效积累而造成漏检。但是在雷达实际工作环境中，目标的运动模型通常是未知的，并且目标还可能具有机动特性。在长时间观测背景下，当目标具有未知的机动特性，尤其是目标的速度未知且可能随时间发生变化时，目标所需的相参积累时间也将会是时变的，这给相参脉冲个数的选取和 TBD 积累帧数的确定带来极大困难。因此，第 4 章讨论的两种 DP-TBD 方法均存在一定的局限性。

为了求解上述问题，本章将在第 4 章工作的基础上，进一步研究针对机动目标的 DP-TBD 算法。具体地，首先，利用更丰富的目标运动约束条件，将第 4 章提出的虚拟帧进一步划分为多个虚拟子帧。其次，将对机动目标在虚拟帧和虚拟子帧内的运动状态特性进行分析，并提出一种基于混合积累的 DP-TBD（DP-TBD Based on Hybrid Integration, HI-DP-TBD）算法。最后，通过仿真实验将所提算法与现有算法进行性能对比。

5.2　系统模型描述

5.2.1　回波信号模型

本章的研究背景与第 4 章中 4.2 节所描述的 OTH 雷达同时探测空海目标的研究背景相同。回波信号模型中除空中目标的回波信号 $\boldsymbol{s}_n^{(a)}$ 外，其余模型及相关符号表示与 4.3.1 节相同，此处不再赘述。由于本章的研究对象是机动目标，为了更准确地描述机动目标的回波信号，对 $\boldsymbol{s}_n^{(a)}$ 的建模需要以脉冲为基准进行描述。为了与后文所涉及的虚拟子帧相区分，用 k_1 表示虚拟帧的索引，用 K_1 表示虚拟帧的数目，则本章所讨论的 $\boldsymbol{s}_n^{(a)}$ 表示如下

$$\begin{aligned} \boldsymbol{s}_n^{(a)} &= \sum_{k_1=1}^{K_1} \boldsymbol{s}_{n_{k_1}}^{(a)} \\ \text{s.t.} \quad & n_{k_1} = n \end{aligned} \tag{5-1}$$

式中，n_{k_1} 为目标在第 k_1（$k_1 = 1, 2, \cdots, K_1$）个虚拟帧中所处的距离单元索引；$n_{k_1} \in \Omega_R$；$\Omega_R = \{1, 2, \cdots, N_r\}$；$\boldsymbol{s}_{n_{k_1}}^{(a)} \in \mathbb{C}^{1 \times M^{(s)}}$ 为第 n_{k_1} 个距离单元的空中目标回波信号，建模为

$$\boldsymbol{s}_{n_{k_1}}^{(a)}[m] = \begin{cases} A_{k_1}^{(a)} \mathrm{e}^{j\theta_{k_1}^{(a)}} \mathrm{e}^{j2\pi f_m^{(a)}(m-1)T}, & m \in [\overline{m}_{k_1}^{(\text{first})}, \overline{m}_{k_1}^{(\text{last})}] \\ 0, & m \notin [\overline{m}_{k_1}^{(\text{first})}, \overline{m}_{k_1}^{(\text{last})}] \end{cases} \tag{5-2}$$

式中，$A_{k_1}^{(a)}$ 为空中目标在第 k_1 个虚拟帧内的幅度；$\theta_{k_1}^{(a)} \in (0, 2\pi]$ 为空中目标在第 k_1 个虚拟帧内的未知随机相位，用以表征目标的 RCS 起伏，且有 $\theta_1^{(a)} \neq \theta_2^{(a)} \neq \cdots \neq \theta_{K_1}^{(a)}$；$f_m^{(a)} = 2v_m/\lambda$ 为空中目标在第 m 个脉冲时刻的多普勒频率，v_m 是其在第 m 个脉冲时刻的径向速度，λ 是雷达的载波波长；$\overline{m}_{k_1}^{(\text{first})}$ 和 $\overline{m}_{k_1}^{(\text{last})}$ 分别为第 k_1 个虚拟帧中第一个和最后一个脉冲在 $M^{(s)}$ 个脉冲中的序号，由式（5-3）和式（5-4）给出

$$\overline{m}_{k_1}^{(\text{first})} = (k_1 - 1)M^{(a)} + 1,\ k_1 = 1,\ 2,\ \cdots,\ K_1 \tag{5-3}$$

$$\overline{m}_{k_1}^{(\text{last})} = \begin{cases} k_1 M^{(a)}, & k_1 = 1,\ 2,\ \cdots,\ K_1 - 1 \\ M^{(s)}, & k_1 = K_1 \end{cases} \tag{5-4}$$

5.2.2 问题建模

与第 4 章一样，本章的研究对象仍然是空中目标，遂令式（4-6）中 $\omega_1 = 1, \omega_2 = 0$。以脉冲为基准，检测问题在 TBD 框架下表示为

$$\max_{X_{1:M^{(s)}} \in \mathbb{R}^{2\times M^{(s)}}} T(\boldsymbol{Z} \mid \boldsymbol{X}_{1:M^{(s)}}) \underset{H_0}{\overset{H_1}{\gtrless}} \gamma \tag{5-5}$$

式中：$T(\cdot)$ 为检测统计量；$\boldsymbol{X}_{1:M^{(s)}} = \{\boldsymbol{x}_1,\ \boldsymbol{x}_2,\ \cdots,\ \boldsymbol{x}_{M^{(s)}}\}$ 为目标在总观测时间内的航迹；$\boldsymbol{x}_m = (n_m,\ v_m)$ 为目标在第 m（$m = 1,\ 2,\ \cdots,\ M^{(s)}$）个脉冲的状态；$n_m$ 和 v_m 分别为目标在第 m 个脉冲时刻所在的距离单元和径向速度；γ 是为了保证一定虚警概率（记为 P_{fa}）而设置的门限。

由式（5-2）可知，空中目标在 $\text{CIT}^{(s)}$ 内的回波信号不是完全相参的。此外，由于空中目标具有较高的运动速度，所以其在较长的 $\text{CIT}^{(s)}$ 内将会发生距离走动，而且当其具有较强的机动特性时，其速度在 $\text{CIT}^{(a)}$ 内可能是时变的。这些问题进一步加大了 $M^{(a)}$ 的估计难度，成为长时间观测背景下机动目标检测问题的难点。本章将在第 4 章的研究基础上，进一步利用目标的运动约束条件，来改善 DP-TBD 算法在上述场景中对机动目标的检测跟踪性能。

5.3 基于混合积累的 DP-TBD 算法

为了求解式（5-5）中的优化问题，本节提出一种基于混合积累的 DP-TBD（HI-DP-TBD）算法。该算法将借助 TBD 的思想和 DP 技术，采用相参处理与非相参处理相混合的能量积累方式，改善雷达对弱目标的检测跟踪性能。

5.3.1　虚拟子帧的概念及划分方式

4.5.1 节推导了目标相参积累脉冲个数 $M^{(a)}$ 与目标速度 v 之间的关系，即

$$M^{(a)} = \left\lfloor \frac{\Delta r}{vT} \right\rfloor \tag{5-6}$$

式中，Δr 为雷达的距离分辨单元。式（5-6）表示 $M^{(a)}$ 被定义为：目标以速度 v 运动时，不会发生距离走动的时间段内的脉冲个数。目标的速度越高，其能够用于相参积累的脉冲个数 $M^{(a)}$ 就越少，否则，目标会在较长的 $\mathrm{CIT}^{(a)}$（$\mathrm{CIT}^{(a)} = M^{(a)}T$）内发生距离走动。目标的速度越低，其所需要的 $M^{(a)}$ 就越多，否则，目标的能量在较短的 $\mathrm{CIT}^{(a)}$ 内没有被充分积累。

机动目标的速度在 $M^{(a)}T$ 时间内是可能发生变化的。但是由于惯性，目标的速度在某一较短时间内的变化量通常是很小的，因此，可以认为目标在这段较短时间内是近似匀速运动的。基于此，类似于式（5-6）的定义，用 $\bar{M}^{(a)}$ 表示这段较短时间内的脉冲个数，则

$$\bar{M}^{(a)} = \left\lfloor \frac{\Delta d}{aT} \right\rfloor \tag{5-7}$$

式中，a 为目标的加速度；Δd 为雷达的速度分辨单元。通常 $\bar{M}^{(a)} < M^{(a)}$。

但是在雷达实际工作场景中，待探测目标的速度 v 和加速度 a 通常均是未知量。此外，当目标机动时，这两个参数还可能是时变的。这些情况增加了 $M^{(a)}$ 和 $\bar{M}^{(a)}$ 的求解难度。近年来，电子战技术的发展使目标的运动约束条件通常可以作为先验知识被雷达利用，这为获得 $M^{(a)}$ 和 $\bar{M}^{(a)}$ 更精细的取值范围带来希望。假设已知空中目标的最大速度和最大加速度，分别用 $v_{\max}$ 和 $a_{\max}$ 表示，且假设 $v_{\max} \neq 0, a_{\max} \neq 0$。由于目标速度 v 的取值范围是个连续的集合，式（5-5）中不等号左侧的最优化问题没有封闭解。为了求解该优化问题，可以根据雷达的速度分辨单元 Δd，将目标的速度范围 $[-v_{\max}, v_{\max}]$ 划分为 L 个离散速度单元，其中 L 的计算方式如下

$$L = \lceil \frac{2v_{\max}}{\Delta d} \rceil \tag{5-8}$$

则第 l 个离散速度单元对应的速度为

$$v_l = -v_{\max} + (l-1)\Delta d \tag{5-9}$$

式中，$l \in \Omega_V$，且 $\Omega_V = \{1, 2, \cdots, L\}$。经过上述离散化处理后，式（5-5）中的最优化问题即可在离散集合 $\Omega = \Omega_R \times \Omega_V$ 上进行求解，从而获得次优解。

由式（5-6）可知，目标在 $\mathrm{CIT}^{(a)}$ 内不会发生距离走动。为了方便后续处理及提升搜索效率，将回波数据矩阵 $\boldsymbol{Z}$ 划分为 K_1 个虚拟帧数据，即

$$\boldsymbol{Z} = [\boldsymbol{V}_1 \cdots \boldsymbol{V}_{k_1} \cdots \boldsymbol{V}_{K_1}] \tag{5-10}$$

式中，

$$\boldsymbol{V}_{k_1} = [\bar{\boldsymbol{z}}_{1,k_1}^{\mathrm{T}} \cdots \bar{\boldsymbol{z}}_{n,k_1}^{\mathrm{T}} \cdots \bar{\boldsymbol{z}}_{N_r,k_1}^{\mathrm{T}}]^{\mathrm{T}} \in \mathbb{C}^{N_r \times M_1} \tag{5-11}$$

$$\bar{\boldsymbol{z}}_{n,k_1} = [\boldsymbol{z}_n[(k_1-1)M_1+1], \boldsymbol{z}_n[(k_1-1)M_1+2], \cdots, \boldsymbol{z}_n[k_1 M_1]] \in \mathbb{C}^{1 \times M_1} \tag{5-12}$$

$$K_1 = \lfloor \frac{M^{(s)}}{M_1} \rfloor \tag{5-13}$$

$$M_1 = M_{\min}^{(a)} = \lfloor \frac{\Delta r}{v_{\max} T} \rfloor \tag{5-14}$$

由式（5-13）和式（5-14）可以看出，虚拟帧 $\boldsymbol{V}_{k_1}$ 的划分方式是根据 $v_{\max}$ 确定的。该设计能够保证目标在虚拟帧内不会发生距离走动。记相邻两个虚拟帧之间的时间间隔为 ΔT_1，则 $\Delta T_1 = M_1 T$。

根据式（5-7），将第 k_1（$k_1 = 1, 2, \cdots, K_1$）个虚拟帧 $\boldsymbol{V}_{k_1}$ 进一步划分为 K_2 个虚拟子帧，则

$$\boldsymbol{V}_{k_1} = [\boldsymbol{S}_{k_1,1} \cdots \boldsymbol{S}_{k_1,k_2} \cdots \boldsymbol{S}_{k_1,K_2}] \tag{5-15}$$

式中，

$$\boldsymbol{S}_{k_1,k_2} = [\bar{\boldsymbol{z}}_{1,k_1,k_2}^{\mathrm{T}} \cdots \bar{\boldsymbol{z}}_{n,k_1,k_2}^{\mathrm{T}} \cdots \bar{\boldsymbol{z}}_{N_r,k_1,k_2}^{\mathrm{T}}]^{\mathrm{T}} \in \mathbb{C}^{N_r \times M_2} \tag{5-16}$$

$$\begin{aligned}\bar{\boldsymbol{z}}_{n,k_1,k_2} = [&\boldsymbol{z}_n[(k_1-1)M_1 + (k_2-1)M_2 + 1], \cdots, \\ &\boldsymbol{z}_n[\min\{(k_1-1)M_1 + k_2 M_2, k_1 M_1\}]] \in \mathbb{C}^{1 \times M_2}\end{aligned} \tag{5-17}$$

$$K_2 = \lceil \frac{M_1}{M_2} \rceil \tag{5-18}$$

$$M_2 = \bar{M}_{\min}^{(a)} = \lfloor \frac{\Delta d}{a_{\max} T} \rfloor \tag{5-19}$$

由式（5-18）和式（5-19）可知，虚拟子帧 $\boldsymbol{S}_{k_1, k_2}$ 的形成与 $a_{\max}$ 有关。该设计是为了保证目标的速度在虚拟子帧内没有发生速度单元转移。结合虚拟帧与虚拟子帧的定义可知，目标在虚拟子帧内每一个脉冲处的离散状态（目标所在的距离单元和速度单元）是相同的。这一特点为后续相参处理中的相参稳健性奠定了基础。记相邻两个虚拟子帧间的时间间隔为 ΔT_2，则 $\Delta T_2 = M_2 T$。

虚拟帧和虚拟子帧的形成过程如图 5-1 所示。

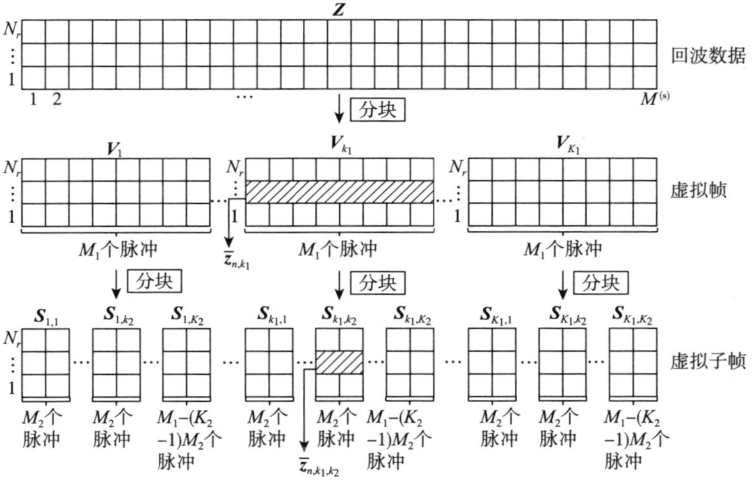

图 5-1　虚拟帧和虚拟子帧的形成示意图

5.3.2　算法基本原理

要从长时间的回波数据中，实现对机动目标的检测，关键是要沿着目标正确的航迹对其能量进行积累。考虑相参积累能够比非相参积累获得更高的 SCNR 增益，则在对回波数据的处理中，应尽可能充分利用目标的回波信息，完成相参积累。这要求用于相参积累的脉冲个数应尽可能地接近目标真实所需的相参脉冲个数。此外，为了消除目标在长时间内 RCS 起伏的影响，也需要采用非相参积累来进一步提升目标的 SCNR。对此，本章结合相参处理与非相参处理方法，提出了一种基于混合积累的 DP-TBD 算法，即 HI-DP-TBD 算法。该算法的主要思路总结如下。

（1）虚拟子帧内相参积累。考虑在虚拟子帧内，目标所处的距离单元和速度单元保持不变，故可以在虚拟子帧内对回波数据进行相参积累。具体地，通过遍历离散速度单元集合，利用速度信息将各脉冲回波数据的相位信息在虚拟子帧内进行补偿，从而完成目标能量在虚拟子帧内的相参积累。

（2）虚拟子帧间相参积累。考虑在相邻虚拟子帧间，目标所处的速度单元可能发生变化，但目标所处的距离单元不变，故可以利用 DP 技术，在速度维对目标在每一个虚拟子帧内的速度进行估计。与此同时，利用估计的速度信息，对各虚拟子帧间的相位信息进行补偿，并实现目标能量在虚拟子帧间的相参积累。

（3）虚拟帧间非相参积累。考虑在相邻虚拟帧间，目标所处的距离单元可能发生变化，且会发生 RCS 起伏现象，故需要在虚拟帧间采用非相参积累方法来消除 RCS 起伏影响，从而实现目标能量在虚拟帧间的积累。可采用 DP 技术实现该积累过程，同时完成目标距离的估计。

5.3.3 算法描述

1. 值函数迭代关系

（1）虚拟子帧内相参积累的值函数迭代关系

记在第 k_1（$k_1 = 1, 2, \cdots, K_1$）个虚拟帧内，第 k_2（$k_2 = 1, 2, \cdots, K_2$）个虚拟子帧的值函数为 I_{k_1, k_2}，则其计算方式表示如下

$$I_{k_1, k_2}(n_{k_1, k_2}, l_{k_1, k_2}) = C(\bar{z}_{n_{k_1, k_2}, k_1, k_2}) \tag{5-20}$$

式中，

$$C(\bar{z}_{n_{k_1,k_2},k_1,k_2}) = \sum_{\bar{m}=1}^{M_2} \bar{z}_{n_{k_1,k_2},k_1,k_2}[\bar{m}] \mathrm{e}^{-\frac{j4\pi(\bar{m}-1)T}{\lambda} v_{l_{k_1,k_2}}} \tag{5-21}$$

式中，$n_{k_1,k_2} \in \Omega_R$ 为在第 k_1 个虚拟帧的第 k_2 个虚拟子帧内，目标可能所在的距离单元索引，且有 $n_{k_1,1} = n_{k_1,2} = \cdots = n_{k_1,K_2} = n_{k_1}$；$l_{k_1,k_2} \in \Omega_V$ 为在第 k_1 个虚拟帧的第 k_2 个虚拟子帧内，目标可能所在的速度单元索引；$\bar{z}_{n_{k_1,k_2},k_1,k_2}$ 则由式（5-17）获得；$v_{l_{k_1,k_2}}$ 的值则根据式（5-9）进行计算。为了方便表示，式（5-20）可以简化为

$$I_{k_1,k_2}(n_{k_1}, l_{k_1,k_2}) = C(\bar{z}_{n_{k_1},k_1,k_2}) \tag{5-22}$$

式中，

$$C(\bar{z}_{n_{k_1},k_1,k_2}) = \sum_{\bar{m}=1}^{M_2} \bar{z}_{n_{k_1},k_1,k_2}[\bar{m}] \mathrm{e}^{-\frac{j4\pi(\bar{m}-1)T}{\lambda} v_{l_{k_1,k_2}}} \tag{5-23}$$

式（5-22）和式（5-23）表示，在虚拟子帧内，以速度 $v_{l_{k_1,k_2}}$ 对同一距离单元上所有脉冲的回波数据进行相位补偿，使其与当前虚拟子帧内第一个脉冲信号的相位对齐，再经过多脉冲累加后的值即为虚拟子帧内回波数据经过相参积累的能量，其积累值为 $I_{k_1,k_2}(n_{k_1}, l_{k_1,k_2})$。

（2）虚拟子帧间相参积累的值函数迭代关系

记在第 k_1 个虚拟帧内，前 k_2 个虚拟子帧的累积值函数为 $\bar{I}_{k_1,k_2}$，则其迭代关系表示如下

$$\bar{I}_{k_1,k_2}(n_{k_1}) = \max_{l_{k_1,k_2} \in \zeta_V(\hat{l}_{k_1,k_2-1}(n_{k_1}))} [\bar{I}_{k_1,k_2-1}(n_{k_1}) W + I_{k_1,k_2}(n_{k_1}, l_{k_1,k_2})] \tag{5-24}$$

$$\hat{l}_{k_1,k_2}(n_{k_1}) = \arg \max_{l_{k_1,k_2} \in \zeta_V(\hat{l}_{k_1,k_2-1}(n_{k_1}))} [\bar{I}_{k_1,k_2-1}(n_{k_1}) W + I_{k_1,k_2}(n_{k_1}, l_{k_1,k_2})] \tag{5-25}$$

式中，$W = \mathrm{e}^{j4\pi(\hat{l}_{k_1,k_2} - \hat{l}_{k_1,k_2-1})\Delta d \Delta T_2/\lambda}$；$\hat{l}_{k_1,k_2}(n_{k_1})$ 为当目标位于第 n_{k_1} 个距离单元时，对目标在第 k_1 个虚拟帧的第 k_2 个虚拟子帧内所处速度单元的估计值，其初始化方法见算法 5-2 和算法 5-3；$\zeta_V(\hat{l}_{k_1,k_2-1})$ 为目标在第 k_1 个虚拟帧内第 k_2 个虚拟子帧的一个速度单元转移集合，根据目标的运动特性，该集合内的速度单元，均可从第 k_2-1 个虚拟子

帧的速度单元 $\hat{l}_{k_1,\ k_2-1}$ 处转移过来，其计算方式如下

$$\zeta_V(\hat{l}_{k_1,\ k_2-1}) = \{\max(\hat{l}_{k_1,\ k_2-1} - \Delta l,\ 1) : \min(\hat{l}_{k_1,\ k_2-1} + \Delta l,\ L)\} \tag{5-26}$$

式中，Δl 为目标在相邻两个虚拟子帧之间可以转移的最大速度单元个数，其计算方式为

$$\Delta l = \left\lceil \frac{a_{\max}\Delta T_2}{\Delta d} \right\rceil \tag{5-27}$$

式（5-24）~式（5-27）表示利用目标运动约束条件（$a_{\max}$）和目标在相邻虚拟子帧之间的速度关联性，可以缩小速度维的搜索区域，同时完成机动目标的速度估计。由式（5-24）可知，在第 k_1 个虚拟帧内，虚拟子帧回波数据的相位通过 W 进行补偿，即前 k_2-1 个虚拟子帧的回波数据能量被相参累加到第 k_2 个虚拟子帧上。

（3）虚拟帧间非相参积累的值函数迭代关系

记前 k_1 个虚拟帧的累积值函数为 $\tilde{I}_{k_1}$，则其迭代关系表示如下

$$\tilde{I}_{k_1}(n_{k_1}) = \max_{n_{k_1-1}\in\zeta_R(n_{k_1})} \tilde{I}_{k_1-1}(n_{k_1-1}) + |\bar{I}_{k_1,\ K_2}(n_{k_1})| \tag{5-28}$$

$$\hat{n}_{k_1-1} = \arg\max_{n_{k_1-1}\in\zeta_R(n_{k_1})} \tilde{I}_{k_1-1}(n_{k_1-1}) + |\bar{I}_{k_1,\ K_2}(n_{k_1})| \tag{5-29}$$

式中，$\zeta_R(n_{k_1})$ 为目标在第 k_1-1 个虚拟帧的一个距离单元转移集合，根据目标运动特性，位于该集合内的距离单元，可以转移到第 k_1 个虚拟帧的距离单元 n_{k_1}，其计算方式如下

$$\zeta_R(n_{k_1}) = \{\max(n_{k_1} - \Delta n,\ 1) : \min(n_{k_1} + \Delta n,\ N_r)\} \tag{5-30}$$

式中，Δn 为目标在相邻两个虚拟帧之间可以转移的最大距离单元个数，其计算方式如下

$$\Delta n = \left\lceil \frac{v_{\max}\Delta T_1}{\Delta r} \right\rceil \tag{5-31}$$

式（5-28）表明，非相参积累是在虚拟帧间进行的，其中前 k_1-1 个虚拟帧的回波数据能量被累加到第 k_1 个虚拟帧上。此外，由式（5-28）~式（5-31）可知，利用目标的运动约束条件（$v_{\max}$）和目标在相邻两个虚拟帧间的距离转移关系，可以缩小距离维的搜索区

域，并完成机动目标的距离估计。

2. 算法流程

结合式（5-22）、式（5-24）和式（5-28），式（5-5）中的检测问题可以重新表示为如下形式

$$\max_{\substack{(n_1, n_2, \cdots, n_{K_1}) \in \Omega_R^{K_1} \\ n_{k_1-1} \in \zeta_R(n_{k_1})}} \sum_{k_1=1}^{K_1} \left| \max_{\substack{(l_{k_1,1}, l_{k_1,2}, \cdots, l_{k_1,K_2}) \in \Omega_V^{K_2} \\ l_{k_1,k_2} \in \zeta_V(l_{k_1,k_2-1})}} \sum_{k_2=1}^{K_2} C(\bar{z}_{n_{k_1},k_1,k_2}) \right| \underset{H_0}{\overset{H_1}{\gtrless}} \gamma \tag{5-32}$$

令

$$\max_{\substack{(l_{k_1,1}, l_{k_1,2}, \cdots, l_{k_1,K_2}) \in \Omega_V^{K_2} \\ l_{k_1,k_2} \in \zeta_V(l_{k_1,k_2-1})}} \sum_{k_2=1}^{K_2} C(\bar{z}_{n_{k_1},k_1,k_2}) = P \tag{5-33}$$

则

$$\hat{\boldsymbol{n}}_{1:K_1} = \arg \max_{\substack{(n_1, n_2, \cdots, n_{K_1}) \in \Omega_R^{K_1} \\ n_{k_1-1} \in \zeta_R(n_{k_1})}} \sum_{k_1=1}^{K_1} |P|, \text{ s.t. } H_1 \tag{5-34}$$

$$\hat{\boldsymbol{l}}_{k_1,1:K_2} = \arg P, \text{ s.t. } H_1 \tag{5-35}$$

式中，$\hat{\boldsymbol{n}}_{1:K_1} = \{\hat{n}_1, \hat{n}_2, \cdots, \hat{n}_{K_1}\}$ 为目标在 K_1 个虚拟帧内的距离单元估计，且有 $\hat{n}_{k_1,1} = \hat{n}_{k_1,2} = \cdots = \hat{n}_{k_1,K_2} = \hat{n}_{k_1}$；$\hat{\boldsymbol{l}}_{k_1,1:K_2} = \{\hat{l}_{k_1,1}(\hat{n}_{k_1}), \hat{l}_{k_1,2}(\hat{n}_{k_1}), \cdots, \hat{l}_{k_1,K_2}(\hat{n}_{k_1})\}$ 为在第 k_1（$k_1 = 1, 2, \cdots, K_1$）个虚拟帧内，目标在 K_2 个虚拟子帧内的速度单元估计；$\Omega_R^{K_1}$ 和 $\Omega_V^{K_2}$ 分别为集合 Ω_R 的 K_1 阶笛卡尔积和集合 Ω_V 的 K_2 阶笛卡尔积，这意味着目标航迹的求解包含一个高维优化问题。

本章采用 DP 技术来求解式（5-32）中的高维优化问题。具体地，利用 DP 技术求解式（5-24）和式（5-28）中的优化问题，完成虚拟子帧间能量的相参积累和虚拟帧间能量的非相参积累，实现对长时间回波数据能量的混合积累，继而实现对机动目标的检测与跟踪，

即形成 HI-DP-TBD 算法。算法的流程由伪代码算法 5-1、算法 5-2、算法 5-3 和算法 5-4 予以说明。附录 E 借助一个实例对 HI-DP-TBD 算法的具体实施步骤进行了详细说明。

算法 5-1　HI-DP-TBD 算法流程

Input：$\mathbf{Z}$，N_r，Δr，Δd，T，$M^{(s)}$，$v_{\max}$，$a_{\max}$。

Output：目标的存在性和估计航迹 $\hat{\boldsymbol{X}}_{1:M^{(s)}}$。

分别通过式（5-8）、式（5-13）、式（5-14）、式（5-18）和式（5-19）计算 L、K_1、M_1、K_2 和 M_2；

根据式（5-10）~式（5-12）将 $\mathbf{Z}$ 划分为 K_1 个虚拟帧，再根据式（5-15）~式（5-17）将每个虚拟帧划分为 K_2 个虚拟子帧；

初始化：

for $k_1 = 1$ **do**

　执行算法 5-2；

end for

迭代：

for $2 \leqslant k_1 \leqslant K_1$ **do**

　执行算法 5-3；

end for

检测与航迹回溯：执行算法 5-4。

算法 5-2　HI-DP-TBD 算法中 $k_1 = 1$ 时的初始化算法

Input：$\mathbf{Z}$，N_r，Δr，Δd，T，$M^{(s)}$，$v_{\max}$，$a_{\max}$，L，M_1，M_2，K_1，K_2。

Output：$\boldsymbol{\Psi}_{1,1:K_2} = \{\boldsymbol{\Psi}_{1,1}, \boldsymbol{\Psi}_{1,2}, \cdots, \boldsymbol{\Psi}_{1,K_2}\}$，$\tilde{I}_1$。

初始化：

for $k_2 = 1$，对所有距离单元 $n_1 \in \Omega_R$ **do**

　虚拟子帧内相参积累：通过式（5-22）和式（5-23）计算 $I_{1,1}$；

　计算：$\hat{l}_{1,1}(n_1) = \arg\max_{l_{1,1} \in \Omega_v} I_{1,1}(n_1, l_{1,1})$；

　记录当前虚拟子帧中当前距离单元的速度单元估计值：$\boldsymbol{\Psi}_{1,1}(n_1) = \hat{l}_{1,1}(n_1)$；

　计算：$\tilde{I}_{1,1}(n_1) = I_{1,1}(n_1, \hat{l}_{1,1}(n_1))$；

end for

算法 5-2　HI-DP-TBD 算法中 $k_1=1$ 时的初始化算法

迭代：

for $2 \leqslant k_2 \leqslant K_2$，对所有距离单元 $n_1 \in \Omega_R$ **do**

　虚拟子帧内相参积累：通过式（5-22）和式（5-23）计算 I_{1,k_2}；

　虚拟子帧间相参积累：通过式（5-24）更新 $\bar{I}_{1,k_2}$；

　通过式（5-25）计算 $\hat{l}_{1,k_2}(n_1)$；

　记录当前虚拟子帧中当前距离单元的估计速度单元：$\boldsymbol{\Psi}_{1,k_2}(n_1)=\hat{l}_{1,k_2}(n_1)$；

end for

虚拟帧间非相参积累：计算 $\tilde{I}_1=|\bar{I}_{1,K_2}|$。

算法 5-3　HI-DP-TBD 算法中 $2\leqslant k_1\leqslant K_1$ 时的迭代算法

Input：$\boldsymbol{Z}$，N_r，Δr，Δd，T，$M^{(s)}$，$v_{\max}$，$a_{\max}$，L，M_1，M_2，K_1，K_2，$\boldsymbol{\Psi}_{1,1:K_2}$，$\tilde{I}_1$。

Output：$\tilde{I}_{K_1}$，$\boldsymbol{\Psi}_{2:K_1,1:K_2}=\{\boldsymbol{\Psi}_{2,1:K_2},\boldsymbol{\Psi}_{3,1:K_2},\cdots,\boldsymbol{\Psi}_{K_1,1:K_2}\}$，$\overline{\boldsymbol{\Psi}}_{1:K_1}=\{\overline{\Psi}_1,\overline{\Psi}_2,\cdots,\overline{\Psi}_{K_1}\}$。

初始化：

for $k_2=1$，对所有距离单元 $n_{k_1}\in\Omega_R$ **do**

　虚拟子帧内相参积累：通过式（5-22）和式（5-23）计算 $I_{k_1,1}$；

　计算：$\bar{I}_{k_1,1}(n_{k_1})=\max\limits_{\substack{n_{k_1-1}\in\zeta_R(n_{k_1})\\ l_{k_1,1}\in\zeta_V(\hat{l}_{k_1-1,K_2}(n_{k_1-1}))}}(\tilde{I}_{k_1-1}(n_{k_1-1})+|I_{k_1,1}(n_{k_1},l_{k_1,1})|)$；

　计算：$\hat{l}_{k_1,k_2}(n_{k_1})=\arg\max\limits_{\substack{n_{k_1-1}\in\zeta_R(n_{k_1})\\ l_{k_1,1}\in\zeta_V(\hat{l}_{k_1-1,K_2}(n_{k_1-1}))}}(\tilde{I}_{k_1-1}(n_{k_1-1})+|I_{k_1,1}(n_{k_1},l_{k_1,1})|)$；

　记录当前虚拟子帧中当前距离单元的速度单元估计值：$\boldsymbol{\Psi}_{k_1,1}(n_{k_1})=\hat{l}_{k_1,1}(n_{k_1})$；

end for

迭代：

for $2\leqslant k_2\leqslant K_2$，对所有距离单元 $n_{k_1}\in\Omega_R$ **do**

　虚拟子帧内相参积累：通过式（5-22）和式（5-23）计算 I_{k_1,k_2}；

　虚拟子帧间相参积累：通过式（5-24）更新 $\bar{I}_{k_1,k_2}$；

　通过式（5-25）计算 $\hat{l}_{k_1,k_2}(n_{k_1})$；

　记录当前虚拟子帧中当前距离单元的速度单元估计值：$\boldsymbol{\Psi}_{k_1,k_2}(n_{k_1})=\hat{l}_{k_1,k_2}(n_{k_1})$；

算法 5-3   HI-DP-TBD 算法中 $2 \leqslant k_1 \leqslant K_1$ 时的迭代算法
14： **end for**
15： 通过式（5-29）计算 $\hat{n}_{k_1-1}$;
16： 记录距离单元的转移关系：$\overline{\Psi}_{k_1}(n_{k_1}) = \hat{n}_{k_1-1}$ 。

算法 5-4   HI-DP-TBD 算法中的检测与航迹回溯算法
1： **if** $\max\limits_{n_{K_1} \in \Omega_g} \tilde{I}_{K_1}(n_{K_1}) > \gamma$ **then**
2：   **for** $k_1 = K_1$ **do**
3： $\hat{n}_{K_1} = \arg\max\limits_{n_{K_1} \in \Omega_g} \tilde{I}_{K_1}(n_{K_1})$;
4：   **for** $1 \leqslant k_2 \leqslant K_2$ **do**
5： $\hat{n}_{K_1,\,k_2} = \hat{n}_{K_1}$, $\hat{l}_{K_1,\,k_2} = \Psi_{K_1,\,k_2}(\hat{n}_{K_1})$;
6：   **for** $(K_1-1)M_1 + (k_2-1)M_2 + 1 \leqslant m \leqslant \min\{(K_1-1)M_1 + k_2 M_2,\ K_1 M_1\}$ **do**
7： $\hat{\boldsymbol{x}}_m = (\hat{\tilde{n}}_m,\ \hat{\tilde{v}}_m)$, 其中 $\hat{\tilde{n}}_m = \hat{n}_{K_1}$, $\hat{\tilde{v}}_m = -v_{\max} + (\hat{l}_{K_1,\,k_2} - 1)\Delta d$;
8：   **end for**
9：   **end for**
10：   **end for**
11：   **for** $K_1 - 1 \leqslant k_1 \leqslant 1$ **do**
12： $\hat{n}_{k_1} = \overline{\Psi}_{k_1+1}(\hat{n}_{k_1+1})$;
13：   **for** $1 \leqslant k_2 \leqslant K_2$ **do**
14： $\hat{n}_{k_1,\,k_2} = \hat{n}_{k_1}$, $\hat{l}_{k_1,\,k_2} = \Psi_{k_1,\,k_2}(\hat{n}_{k_1})$;
15：   **for** $(k_1-1)M_1 + (k_2-1)M_2 + 1 \leqslant m \leqslant \min\{(k_1-1)M_1 + k_2 M_2,\ k_1 M_1\}$ **do**
16： $\hat{\boldsymbol{x}}_m = (\hat{\tilde{n}}_m,\ \hat{\tilde{v}}_m)$, 其中 $\hat{\tilde{n}}_m = \hat{n}_{k_1}$, $\hat{\tilde{v}}_m = -v_{\max} + (\hat{l}_{k_1,\,k_2} - 1)\Delta d$;
17：   **end for**
18：   **end for**
19：   **end for**
20：   **for** $K_1 M_1 + 1 \leqslant m \leqslant M^{(s)}$ **do**
21： $\hat{\boldsymbol{x}}_m = (\hat{\tilde{n}}_m,\ \hat{\tilde{v}}_m)$, 其中 $\hat{\tilde{n}}_m = \hat{n}_{K_1}$, $\hat{\tilde{v}}_m = -v_{\max} + (\hat{l}_{K_1,\,K_2} - 1)\Delta d$;
22：   **end for**
23： 输出："目标存在"，$\hat{X}_{1:\,M^{(s)}} = \{\hat{\boldsymbol{x}}_1,\ \hat{\boldsymbol{x}}_2,\ \cdots,\ \hat{\boldsymbol{x}}_{M^{(s)}}\}$ 。

算法 5-4　HI-DP-TBD 算法中的检测与航迹回溯算法

```
24:  else
25:    输出："目标不存在"。
26:  end if
```

5.3.4　计算复杂度分析

HI-DP-TBD 算法的计算复杂度主要体现在式（5-32）中，其中 $|P|$ 的计算复杂度为

$$O(L[M_2(C_m + C_a) + (K_2 - 1)C_a + C_u]) \tag{5-36}$$

式中：C_m 表示复乘运算；C_a 表示复加运算；C_u 表示复数取模运算。一次复乘运算等于六次实数运算，一次复加运算等于两次实数运算，一次复数取模运算等于四次实数运算。将这些运算关系代入式（5-36）中，再将其整体代入（5-32）中，可得 HI-DP-TBD 算法的计算复杂度为

$$O(K_1 N_r[L(8M_2 + 2K_2 + 2) + 4]) \tag{5-37}$$

5.4　仿真结果

本节将通过仿真实验对 HI-DP-TBD 算法的性能进行验证和评估。首先，在 5.4.1 节中，在目标的多种机动场景下，对 HI-DP-TBD 算法的有效性进行了验证和评估。其次，在 5.4.2 节中，在目标的多种机动场景下，对 HI-DP-TBD 算法和对比算法进行了检测和跟踪性能的比较。最后，在 5.4.3 节中，对 HI-DP-TBD 算法和对比算法进行了平均运行时长的比较。参与对比的算法有：MTD 算法、基于长时间相参积累的 DP（DP Based Long Time Coherent Integration，DPCI）算法和第 4 章提出的 KC-MC-TBD 算法。仿真中雷达的系统参数设置如表 5-1 所示。过程噪声服从零均值的高斯分布，过程噪声功率谱密度为 0.01。CNR 设置为 30 dB。利用 $100/P_{fa}$ 次蒙特卡洛仿真得到检测门限 γ，其中虚警概率 $P_{fa} = 10^{-2}$。

表 5-1　系统参数

参数名称	参数值
T	10 ms
$CIT^{(s)}$	48 s
$M^{(s)}$	4 800
λ	10 m
N_r	32
Δr	3 km
Δd	12. 5 m/s

假设仿真场景中有一个空中目标，其初始径向距离为 890 km，以初始速度 v_0 沿径向运动，$v_{max} = 250$ m/s，$a_{max} = 6$ m/s^2。仿真中用服从均匀分布的随机扰动量 j_0 来模拟目标运动过程中的额外机动性，$j_0 \sim U$（−5，5）m/s^2。为了更充分地验证所提算法对机动目标检测和跟踪的有效性和稳健性，设置如下三种仿真场景，其中目标的机动特性逐渐增强。

场景 1：目标在前 36 s 内以加速度 a 做匀加速直线运动，在后 12 s 内做匀速直线运动，目标运动参数的设置如表 5-2 所示；

场景 2：目标在前 15 s 内以加速度 a_1 做匀加速直线运动，在中间 15 s 内以加速度 a_2 做匀加速直线运动，在最后 18 s 内以加速度 a_3 做匀加速直线运动，目标运动参数的设置如表 5-3 所示；

场景 3：目标在前 15 s 内，中间 15 s 内，最后 18 s 内分别以加速度 a_1、a_2、a_3 做匀加速直线运动，目标运动参数的设置如表 5-4 所示。与场景 2 不同的是，场景 3 中的三个加速度在每一次的蒙特卡洛仿真中，均是从某一范围内随机产生的，且 $a_2 \leqslant a_1 \leqslant a_3$。

表 5-2　场景 1 中的目标运动参数

参数名称	参数值
v_0	随机产生于［0，125］m/s
a	3.4 m/s^2

表 5-3　场景 2 中的目标运动参数

参数名称	参数值
v_0	随机产生于［0，35］m/s
a_1	2 m/s^2
a_2	4 m/s^2
a_3	6 m/s^2

表 5-4　场景 3 中的目标运动参数

参数名称	参数值
v_0	随机产生于［0，35］m/s
a_1	随机产生于［2，4］m/s^2
a_2	随机产生于［0，2］m/s^2
a_3	随机产生于［4，6］m/s^2

5.4.1　有效性评估

实验将从距离和速度两个维度上对算法进行有效性评估。HI-DP-TBD 算法在三种仿真场景下，对目标在观测时间内的状态估计分别如图 5-2、图 5-3 和图 5-4 所示，其中 SCNR = 3 dB。根据式（5-31）、式（5-27）和仿真参数 Δr 、Δd 的值，规定在观测时间内，目标估计状态与真实状态之间的误差在两个距离单元内和两个速度单元内的航迹为有效估计航迹。仿真结果表明，从场景 1 到场景 3，随着目标机动性的增强，估计航迹与真实航迹之间的误差也随之增大，尤其在速度维上的表现较为明显。但总体上，三种场景下 HI-DP-TBD 算法的估计航迹都在规定误差内。因此，所提 HI-DP-TBD 算法是针对机动弱目标的一种有效检测跟踪算法，并且其对目标的机动性有较好的适应性和稳健性。

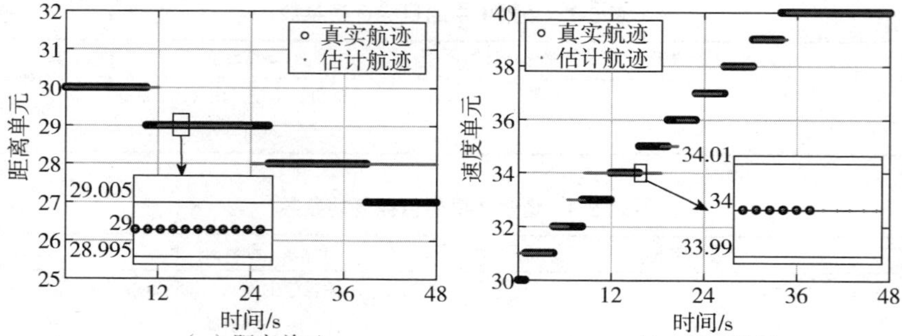

（a）距离单元　　（b）速度单元

图 5-2　场景 1 中真实航迹与估计航迹

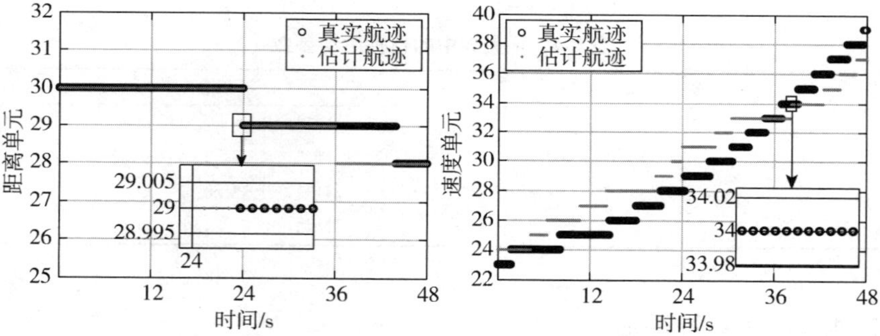

（a）距离单元　　（b）速度单元

图 5-3　场景 2 中真实航迹与估计航迹

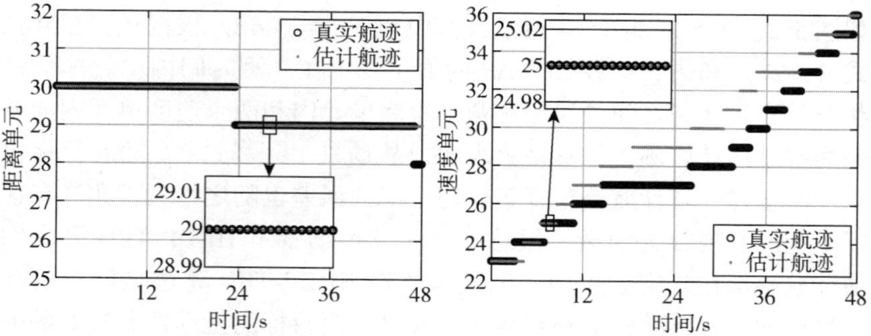

（a）距离单元　　（b）速度单元

图 5-4　场景 3 中真实航迹与估计航迹

5.4.2　检测与跟踪性能评估

采用以下性能指标对算法的检测与跟踪性能进行分析。

①航迹检测概率 $P_{d,\text{track}}$：被定义为最终的积累值函数超过检测门限，且在观测时长内，目标在每个脉冲的估计状态与真实状态的误差在一定距离单元个数和速度单元个数内的概率。该指标综合反映了算法对机动目标的检测与跟踪性能。

②平均每个脉冲的距离单元估计均方根误差（Root Mean Square Error，RMSE），用 ARMSE_R 表示，计算方式为

$$\text{ARMSE}_R = \sqrt{\frac{1}{C_D M^{(s)}} \sum_{c=1}^{C} \sum_{m=1}^{M^{(s)}} (\hat{r}_{m,c} - r_{m,c})^2} \tag{5-38}$$

式中，$\hat{r}_{m,c}$ 和 $r_{m,c}$ 分别为在第 c（$c = 1, 2, \cdots, C$）次蒙特卡洛的第 m 个脉冲时刻，目标所在距离单元的估计值和真实值。C 是仿真中蒙特卡洛的总次数，C_D 是目标被宣布检测到的次数。

③平均每个脉冲的速度单元估计 RMSE，用 ARMSE_V 表示，计算方式为

$$\text{ARMSE}_V = \sqrt{\frac{1}{C_D M^{(s)}} \sum_{c=1}^{C} \sum_{m=1}^{M^{(s)}} (\hat{l}_{m,c} - l_{m,c})^2} \tag{5-39}$$

式中，$\hat{l}_{m,c}$ 和 $l_{m,c}$ 分别为在第 c（$c = 1, 2, \cdots, C$）次蒙特卡洛的第 m 个脉冲时刻，目标所在速度单元的估计值和真实值。

三种场景下 1 000 次蒙特卡洛的统计结果分别如图 5-5、图 5-6 和图 5-7 所示。

图 5-5（a）、图 5-6（a）和图 5-7（a）分别为三种场景下，各算法的航迹检测概率 $P_{d,\text{track}}$ 随 SCNR 变化曲线。从图中可以看出，本章所提的 HI-DP-TBD 算法在三种场景中的 $P_{d,\text{track}}$ 曲线均优于其他算法。根据仿真参数设置，目标以 250 m/s 的最大速度跨越一个距离单元所需时间内的脉冲个数为 1 200，以 6 m/s^2 的最大加速度跨越一个速度单元所需时间内的脉冲个数为 213。

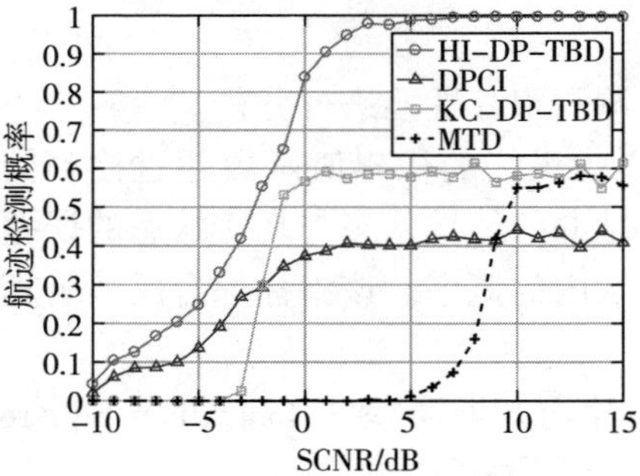

（a）航迹检测概率曲线

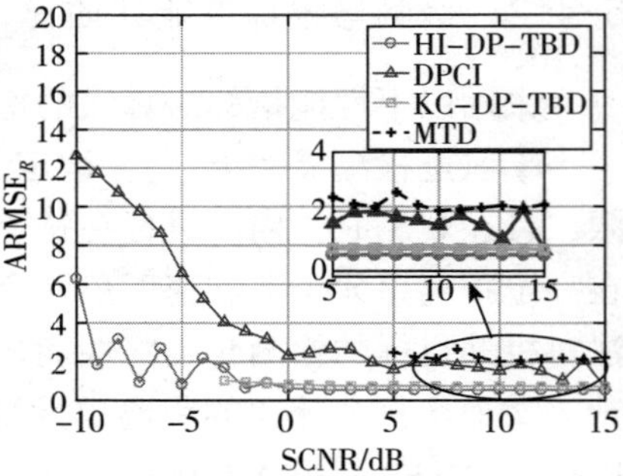

（b）平均每个脉冲的距离单元估计均方根误差曲线

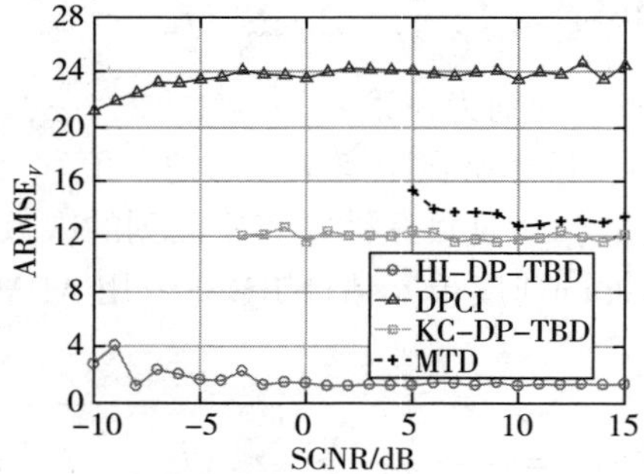

（c）平均每个脉冲的速度单元估计均方根误差曲线

图 5-5　场景 1 中各算法的检测跟踪性能随 SCNR 变化曲线

首先需要说明的是，由于在 MTD 算法中，观测时长内全部脉冲（4 800 个脉冲）的回波数据被直接用来进行相参处理。所以图 5-5（a）、图 5-6（a）和图 5-7（a）中关于 MTD 算法的 $P_{d,\text{track}}$ 仅能反映第 48 s 的检测跟踪结果。由于目标的机动性使速度可能发生变化，而且受 RCS 起伏的影响，回波数据在 4 800 个脉冲的对应的观测时间内不是完全相参的。故 MTD 算法对机动弱目标的检测与跟踪性能实际上非常差。

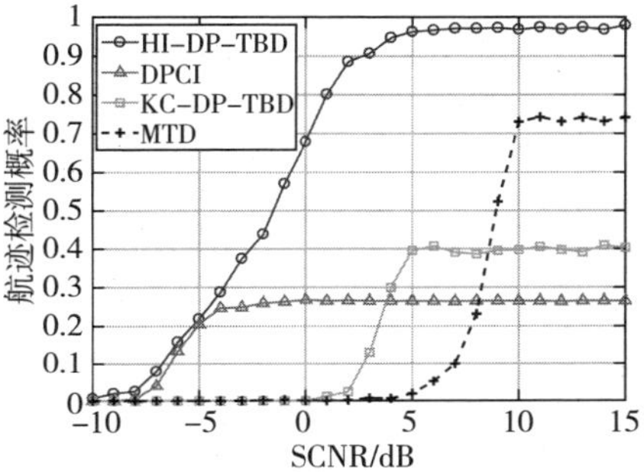

（a）航迹检测概率曲线

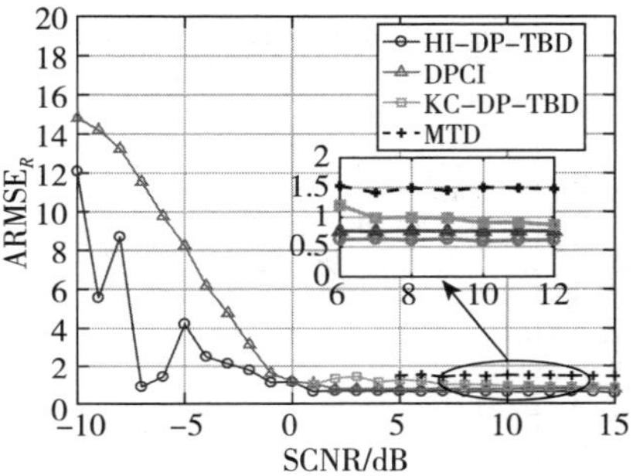

（b）平均每个脉冲的距离单元估计均方根误差曲线

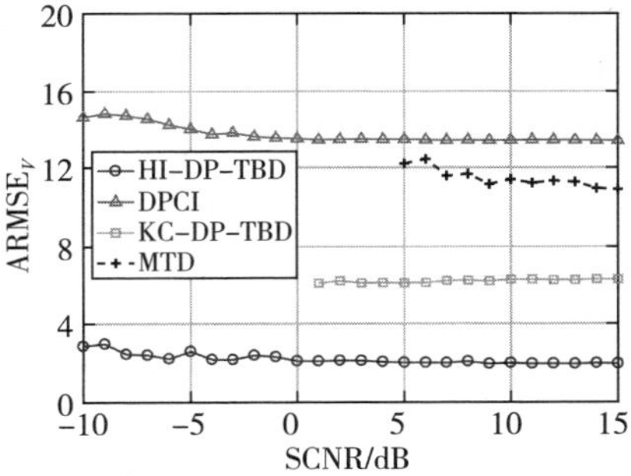

（c）平均每个脉冲的速度单元估计均方根误差曲线

图 5-6　场景 2 中各算法的检测跟踪性能随 SCNR 变化曲线

在所提的 HI-DP-TBD 算法处理中，$M_1 = 1\ 200$，$M_2 = 213$，$K_1 = 4$，$K_2 = 6$。每 $M_2 = 213$ 个脉冲的回波数据被用来进行虚拟子帧内的相参积累，每 $K_2 = 6$ 个虚拟子帧的值函数被用来进行虚拟子帧间的相参积累，$K_1 = 4$ 个虚拟帧的值函数被用来进行虚拟帧间的非相参积累。通过 DP 技术在虚拟子帧间对速度单元集合进行搜索，其中每个速度单元的估计值至多对应 213 个脉冲时刻的速度单元；再通过 DP 技术在虚拟帧间对距离单元进行搜索，其中每个距离单元的估计值至多对应 1 200 个脉冲时刻的距离单元。明显地，HI-DP-TBD 算法处理中的 $M_2 = 213$ 保证了相参的稳健性。此外，DP 技术利用了目标分别在相邻虚拟子帧间和相邻虚拟帧间的状态转移关系，使 HI-DP-TBD 算法能够进一步保证在较长观测时间内对机动目标的有效检测与跟踪。

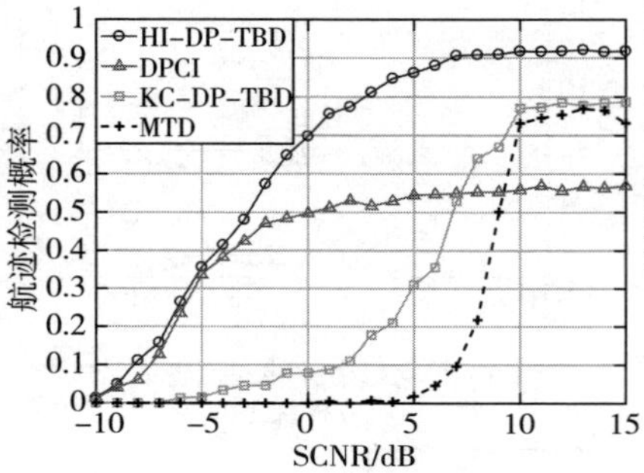

（a）航迹检测概率曲线

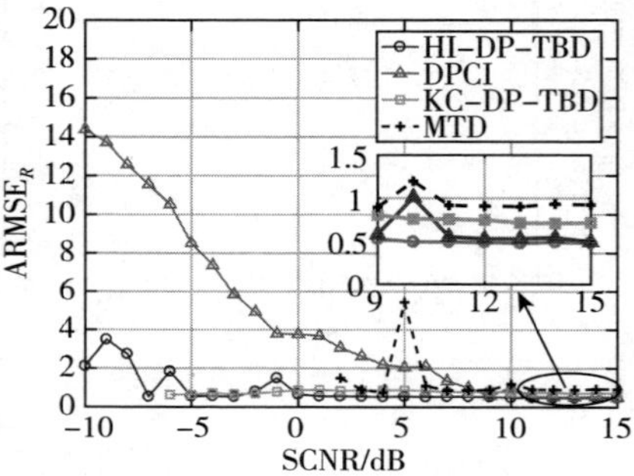

（b）平均每个脉冲的距离单元估计均方根误差曲线

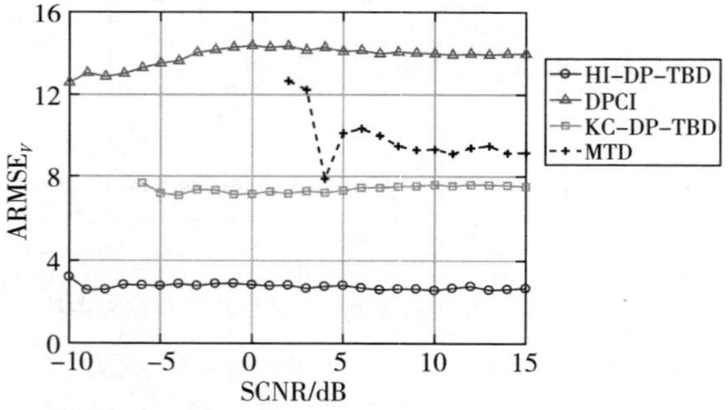

（c）平均每个脉冲的速度单元估计均方根误差曲线

图 5-7　场景 3 中各算法的检测跟踪性能随 SCNR 变化曲线

在 DPCI 算法处理过程中，首先，每 360 个脉冲的回波数据被用来进行相参积累，以消除复噪声并更好地利用连续回波之间的相参特性。其次，以单个脉冲为滑窗，所有脉冲的值函数在脉冲之间进行相参积累，并通过 DP 技术进行距离维搜索，通过遍历速度单元集合进行速度维搜索。明显地，360 个脉冲的数目多于 213。由仿真参数知，机动目标所在的速度单元在 360 个脉冲时间内大概率会发生改变，这意味着 DPCI 算法中用以进行相参积累的回波数据可能不是完全相参的，则 DPCI 算法会存在一定程度的性能损失。此外，在每个脉冲时刻，DPCI 算法通过遍历所有速度单元，以及对积累值函数取最大值的操作来实现速度估计，而目标在相邻脉冲时刻之间的速度转移关系没有被利用，这使得 DPCI 算法在长时间内对目标的速度估计不准确。这一分析在图 5-5（c）、图 5-6（c）和图 5-7（c）中得到验证。但是在 DPCI 算法中，目标在相邻脉冲时刻之间的距离转移关系通过 DP 技术被得以利用，使得 DPCI 算法中对目标距离单元的估计在一定程度上较为准确，如图 5-5（b）、图 5-6（b）和图 5-7（b）所示。

在 KC-DP-TBD 算法中，每 1 200 个脉冲的回波数据通过 MTD 方法被用来进行虚拟帧内的相参积累，然后 4 个虚拟帧的 MTD 结果再通过 DP 技术被用以进行虚拟帧间的非相参积累。对距离和速度的搜索都通过 DP 技术在虚拟帧间进行。1 200 个脉冲多于 213 个脉冲，这意味着在 KC-DP-TBD 算法中，用以进行相参积累的回波数据不是完全相参的。因此，在这 1 200 个脉冲内，机动目标所处速度单元的变化，会在一定程度上影响算法对目标的检测跟踪性能，这明显反映在 $ARMSE_V$ 指标上，如图 5-5（c）、图 5-6（c）和图 5-7（c）所示。然而，该算法中，目标在相邻两个虚拟帧间的速度转移关系通过 DP 技术被利用，因此，该算法的 $ARMSE_V$ 曲线要低于 DPCI 算法的曲线。同样地，目标在相邻虚拟帧间的距离转移关系也通过 DP 技术被利用，因此该算法对距离单元的估计准确性在一定程度上也得以保证，如图 5-5（b）、图 5-6（b）和图 5-7（b）所示。

三种场景下，$ARMSE_R$ 曲线分别如图 5-5（b）、图 5-6（b）和图 5-7（b）所示，$ARMSE_V$ 曲线分别如图 5-5（c）、图 5-6（c）和图 5-7（c）所示。其结果的形成原因同上述分析一致。

根据以上仿真结果可知，与其他算法相比，HI-DP-TBD 算法对机动弱目标具有更优的检测和跟踪性能。

5.4.3　平均运行时间评估

仿真中 SCNR = 15 dB，目标的运动参数设置如表 5-4 所示。所有算法均在 PC 端（Intel@ R Core（TM）i7-10700 CPU 2.90 GHz 2.90 GHz，

RAM 16.0 GB）的 MATLAB 2016 软件上进行验证。所提 HI-DP-TBD 算法和对比算法（DPCI、KC-DP-TBD、MTD）的平均运行时间通过 500 次蒙特卡洛仿真统计得到，结果如表 5-5 所示。

表 5-5　不同算法的平均运行时间对比

算法	平均运行时间
HI-DP-TBD	0.47 s
DPCI	165.34 s
KC-DP-TBD	0.45 s
MTD	0.001 8 s

从表 5-5 中可以看出，MTD 算法的平均运行时间最短，HI-DP-TBD 算法和 KC-DP-TBD 算法的平均运行时间相近，DPCI 算法的平均运行时间最久。

虽然 MTD 算法的运行速度在四种算法中最快，但是 5.4.2 小节的仿真结果和分析表明，在长时间观测背景下，MTD 算法对机动弱目标的检测跟踪性能最差。由于 DPCI 算法在处理过程中是以单个脉冲为滑窗进行处理的，因而在长时间观测背景下具有较大的计算量，计算成本高昂，这限制了其在工程上的实现。由表 5-5 可得，所提 HI-DP-TBD 算法的计算效率是 DPCI 算法的 352 倍。

综上所述，HI-DP-TBD 算法对机动弱目标既具有良好的检测跟踪性能，又具有工程实现上可接受的计算复杂度。

5.5　本章小结

本章在 OTH 雷达同时探测空海目标的场景下，针对机动目标的检测问题展开了研究。考虑第 4 章提出的算法在机动目标场景下面临着难以直接应用或性能受损的情况，以及其他针对机动目标的 DP-TBD 算法要么不适用于 OTH 雷达空海目标同时探测的研究背景，要么在长时间观测背景下面临着计算量巨增的问题，本章提出了一种混合相参与非相参积累的 HI-DP-TBD 算法。

在 HI-DP-TBD 算法中，首先，利用目标的运动约束条件，即最大速度和最大加速度，将长时间内的回波数据划分为多个虚拟帧和多个虚拟子帧的数据。其次，结合目标回波信号和运动状态在虚拟子帧内、虚拟子帧间和虚拟帧间的特点，利用相参积累方法和 DP 技术，对回波数据进行虚拟子帧内的相参积累、虚拟子帧间的相参积累和虚拟帧间的非相参积累，从而实现机动目标能量在长时间内的有效积累，同时完成目标的检测和航迹恢复。最后，通过仿真实验验证了在多种机动场景中，与其他算法相比，HI-DP-TBD 算法具有更佳的机动特性适应能力、更优的检测跟踪性能和可接受的运行时长。

第6章 总结与展望

6.1 总结

本书针对非高斯杂波背景、长时间观测背景和机动目标场景下，传统 DP-TBD 算法在对雷达弱目标进行检测时，面临性能下降或难以直接应用等问题，开展了基于 DP-TBD 的算法优化设计和改进等研究工作。首先，对 DP-TBD 算法的相关理论进行了梳理，为后续算法的优化设计和改进奠定了理论基础。针对 DP-TBD 算法中状态转移数难以恰当选取的问题，提出了一种基于状态转移范围优化设计的改进 DP-TBD 算法。其次，针对非高斯杂波背景，提出 K-DP-TBD 算法和 IGCG-DP-TBD 算法。再次，针对长时间观测背景，设计了 KC-DP-TBD 算法和 MC-DP-TBD 算法。最后，针对机动目标场景，提出了 HI-DP-TBD 算法。主要的研究成果和结论如下。

①通过对 DP-TBD 算法的性能进行分析，发现积累帧数和状态转移范围对算法性能产生影响。首先，增加积累帧数可以提升算法性能。其次，如果状态转移范围设置过小，无法覆盖目标所有可能的运动轨迹，将导致算法性能下降。另外，如果状态转移范围设置过大，将增加搜索计算量，并且在能量积累范围内会有更多的杂波或噪声状态，同样会造成算法性能下降。针对传统 DP-TBD 算法中难以恰当选择状态转移数的问题，本书提出了一种基于状态转移范围优化设计的改进 DP-TBD 算法。该算法通过目标的最大加速度来定量计算状态转移范围，既确保目标运动轨迹不会超出状态转移范围，又避免了状态转移范围过大导致计算资源浪费的情况。仿真结果表明，相对于传统

DP-TBD 算法，改进的 DP-TBD 算法在检测跟踪性能方面更具优势。例如，在积累帧数为 15 帧、过程噪声功率谱密度为 0.01、航迹检测概率为 0.9 的情况下，改进的 DP-TBD 算法相比传统 DP-TBD 算法具有约 2.5 dB 的性能改善。此外，改进的 DP-TBD 算法在不同过程噪声功率谱密度下表现出更好的稳健性。采用实测数据验证了所提算法的有效性。

②本书第 3 章的研究以机载雷达对海探测场景为例，探讨了非高斯杂波背景下的 DP-TBD 算法，并提出了 K-DP-TBD 算法和 IGCG-DP-TBD 算法。这两个算法分别将 K 分布杂波和 IGCG 分布杂波的统计特性融入到基于 GLRT 准则的多帧检测统计量中，以有效增加目标和杂波之间的差异性。仿真结果表明，与基于高斯分布杂波的 G-DP-TBD 算法和基于幅度检测统计量的 A-DP-TBD 算法相比，所提出的 K-DP-TBD 算法和 IGCG-DP-TBD 算法能够有效提高雷达在非高斯杂波背景下对弱目标的检测跟踪性能。例如，在 SCR = −10 dB 的情况下，与 G-DP-TBD 算法和 A-DP-TBD 算法相比，在 K 分布杂波背景下，K-DP-TBD 算法的目标检测概率分别提高约 0.2 和 0.7，航迹检测概率分别提高约 0.1 和 0.58；在 IGCG 分布杂波背景下，IGCG-DP-TBD 算法的目标检测概率分别提高约 0.18 和 0.65，航迹检测概率分别提高约 0.05 和 0.5。

③针对长时间观测背景下，当目标运动速度未知、目标所需的相参积累时间未知，以及目标可能发生距离走动时，传统 DP-TBD 算法难以发挥效能的问题，本书第 4 章以 OTH 雷达同时探测空海目标的场景为例，设计了两种结合相参积累与非相参积累的 DP-TBD 算法，即 KC-DP-TBD 算法和 MC-DP-TBD 算法。KC-DP-TBD 算法根据目标的最大速度将长时间的回波数据划分为多个虚拟帧数据。在虚拟帧内，利用 MTD 算法进行相参积累。在虚拟帧间，通过 DP-TBD 算法进行非相参积累，并完成目标的检测与航迹恢复。仿真结果表明，在长时间观测背景下，相较于单帧的 MTD 算法，KC-DP-TBD 算法对弱目标具有更优的检测跟踪能力。例如，当航迹检测概率为 0.9 时，相较于 MTD 算法，KC-DP-TBD 算法在 4.6.1 节的场景 A 和场景 B 中分

别约有 7 dB 和 6.3 dB 的性能改善。此外，在相参处理阶段，KC-DP-TBD 算法具有稳健性。例如，在 4.6.1 节的场景 B 中，当目标真实所需的相参脉冲个数为 1280 时，采用最小相参脉冲个数（640）、虚拟帧数为 8 的 KC-DP-TBD 算法能够近似达到最优算法（相参脉冲个数为 1 280、虚拟帧数为 4）的检测跟踪性能。在 KC-DP-TBD 算法的基础上，利用目标更多的运动先验知识，设计了更为优效的 MC-DP-TBD 算法。该算法将目标速度区间划分为多个子区间，并建立对应这些子区间的多个独立并行的处理通道，在各通道内执行类似 KC-DP-TBD 算法的处理流程，仿真结果如下。第一，与现有检测算法（MTD 和 KC-DP-TBD）相比，MC-DP-TBD 算法对不同速度类型的弱目标均具有更优的检测跟踪性能。例如，当航迹检测概率为 0.9 时，对于高速、中速和低速目标，相较于 MTD 算法，MC-DP-TBD 算法分别约有 6 dB、6 dB 和 2.5 dB 的性能改善；相较于 KC-DP-TBD 算法，MC-DP-TBD 算法分别约有 0.001 dB、2.5 dB 和 1 dB 的性能改善。第二，MC-DP-TBD 算法的性能与通道个数有关：通道个数越多，算法性能越好。第三，相较于 KC-DP-TBD 算法，MC-DP-TBD 算法的计算效率至少提升了 1.3 倍。

④基于第 4 章的研究背景，本书第 5 章针对机动目标展开了研究，并提出了一种 HI-DP-TBD 算法。该算法利用目标的最大加速度将虚拟帧进一步划分为多个虚拟子帧。根据目标在虚拟子帧内、虚拟子帧间、虚拟帧间的回波信号特点和运动状态特性，利用相参积累方法和 DP 技术，对回波数据在虚拟子帧内、虚拟子帧间进行相参积累，在虚拟帧间进行非相参积累，从而完成长时间观测背景下对机动目标的检测和航迹估计。仿真结果表明，与 DPCI、KC-DP-TBD 和 MTD 算法相比，所提出的 HI-DP-TBD 算法具有如下特点：第一，对目标的机动特性具有较好的适应性。例如，在 5.4 节的三种目标机动场景中，当 SCNR = 3 dB 时，HI-DP-TBD 算法均能获得有效的航迹估计；第二，在检测跟踪性能方面具有更优的表现；第三，在实际应用中具有更可接受的计算复杂度。例如，在 5.4.3 节的仿真场景中，当 SCNR = 15 dB 时，HI-DP-TBD 算法的计

算效率是 DPCI 算法的 352 倍，同时与 KC-DP-TBD 算法的运行时间相当。

6.2　后续工作研究展望

虽然本书在不同雷达体制和不同应用背景下，基于 DP-TBD 算法对雷达弱目标的检测问题进行了一定的研究，但是目前的研究工作仍然存在一定局限性和有待进一步完善的部分。此外，该领域还存在许多其他值得研究的问题。基于本书的研究工作，未来的研究可以在以下方向做进一步的探索。

①本书中所设计的算法主要针对单目标场景。然而，在实际雷达应用中，常常存在多个目标的情况。因此，有必要将本研究提出的算法拓展到多目标场景进行研究。在多目标场景中，如何解决临近目标相互干扰、目标数目未知、目标数量变化、搜索维数增加等问题，是后续研究工作的重要方向。

②本书所设计的算法主要针对点目标。然而，在实际应用中，可能出现目标回波能量占据多个雷达分辨单元的情况，此时目标为扩展目标。如何克服扩展目标在单一分辨单元内回波强度较低的难题，并提升 DP-TBD 算法针对扩展目标的检测跟踪性能，是值得研究的问题。

③随着新兴雷达体制的发展和雷达工作方式的灵活配置，有必要对 DP-TBD 算法在雷达领域的应用做进一步的研究。例如，在天地波混合传播体制高频雷达系统中，存在多种信号收发模式，如天发地收、地发地收等。对此，需要在 TBD 框架下对多种收发模式的回波数据进行建模，并解决时间配准和空间配准等技术问题，同时设计更为有效的能量积累方法。

④本书是基于 DP-TBD 算法开展研究的，但除了 DP-TBD 算法，TBD 还有许多其他实现方式，如基于粒子滤波、基于随机有限集、基于深度学习等方法。利用这些 TBD 算法来解决本书研究背景下的各类问题，也具有重要科学意义和研究价值。

⑤目前 TBD 算法在实际应用中常受限于时间资源的约束，因此，设计高效的 TBD 算法和提升 TBD 算法的实时性，对实际工程应用具有重要价值。此外，未来研究也将进一步考虑更多非理想假设（如目标做复杂运动、存在距离和多普勒模糊）下的有效 TBD 算法。

参考文献

[1] SKOLNIK M.Radar handbook [M]. New York: McGraw-Hill, 1970.

[2] SKOLNIK M.Introduction to radar systems [M]. New York: McGraw-Hill, 1980.

[3] 张明友，汪学刚. 雷达系统 [M]. 3 版. 北京：电子工业出版社，2011.

[4] 丁鹭飞，耿富录，陈建春. 雷达原理 [M]. 4 版. 北京：电子工业出版社，2013.

[5] RICHARDS M. Fundamentals of radar signal processing [M]. New York: McGraw-Hill, 2014.

[6] YI W, FANG Z, WEN M. An efficient coherent multi-frame track-before-detect algorithm in radar systems [C]. 2017 IEEE Radar Conference, Seattle, WA, USA, 2017: 1521-1526.

[7] LI X, YANG Y, SUN Z, et al. Multi-frame integration method for radar detection of weak moving target [J]. IEEE Transactions on Vehicular Technology, 2021, 70 (4): 3609-3624.

[8] LI X, CUI G, YI W, et al. Fast coherent integration for maneuvering target with high-order range migration via TRT-SKT-LVD [J]. IEEE Transactions on Aerospace and Electronic Systems, 2016, 52 (6): 2803-2814.

[9] LI X, CUI G, YI W, et al. Coherent integration for maneuvering target detection based on Radon-Lv’s distribution [J]. IEEE Signal Processing Letters, 2015, 22 (9): 1467-1471.

[10] CHEN X, DING H, SUN Y, et al. Long-time coherent integration-based detection method for high-speed and highly maneuvering radar target [C]. 2016 CIE International Conference on Radar, Guangzhou, China, 2016: 1-5.

[11] TIAN J, XIA X, CUI W, et al. A coherent integration method via Radon-NUFrFT for random PRI radar [J]. IEEE Transactions on Aerospace and Electronic Systems, 2017, 53 (4): 2101-2109.

[12] XU J, YU J, PENG Y, et al. Long-time coherent integration for radar target detection base on Radon-Fourier transform [C]. 2010 IEEE Radar Conference, Arlington, VA, USA, 2010: 432-436.

[13] XU J, YU J,PENG Y, et al. Radon-Fourier transform for radar target detection (I): Generalized Doppler filter bank [J]. IEEE Transactions on Aerospace and Electronic Systems, 2011, 47 (2): 1186-1202.

[14] XU J, YU J,PENG Y, et al. Radon-Fourier transform for radar target detection (II): Blind speed sidelobe suppression [J]. IEEE Transactions on Aerospace and Electronic Systems, 2011, 47 (4): 2473-2489.

[15] YU J, XU J,PENG Y, et al. Radon-Fourier transform for radar target detection (III): Optimality and fast implementations [J]. IEEE Transactions on Aerospace and Electronic Systems, 2012, 48 (2): 991-1004.

[16] CARLSON B, EVANS E, WILSON S. Search radar detection and track with the Hough transform. I. System concept [J]. IEEE Transactions on Aerospace and Electronic Systems, 1994, 30 (1): 102-108.

[17] CARLSON B,EVANS E, WILSON S. Search radar detection and track with the Hough transform. II. Detection statistics [J]. IEEE Transactions on Aerospace and Electronic Systems, 1994, 30 (1): 109-115.

[18] CARLSON B,EVANS E, WILSON S. Search radar detection and track with the Hough transform. III. Detection performance with binary integration [J]. IEEE Transactions on Aerospace and Electronic Systems, 1994, 30 (1): 116-125.

[19] FIDDY M.The Radon transforms and some of its applications [J]. Optica Acta: International Journal of Optics, 1985, 32 (1): 3-4.

[20] HENDRIKS C,GINKEL M, VERBEEK P, et al. The generalized Radon transform: sampling, accuracy and memory considerations [J]. Pattern Recognition, 2005, 38 (12): 2494-2505.

[21] DAVEY S, RUTTEN M,CHEUNG B. A comparison of detection performance for several track-before-detect algorithms [C]. 2008 11th International Conference on Information Fusion, Cologne, Germany, 2008: 1-8.

[22] BAR-SHALOM Y, FORTMAN T. Tracking and data association [M]. New York: Academic Press, 1988.

[23] BAR-SHALOM Y,FORTMAN T. Tracking and data association [J]. The Journal of the Acoustical Society of America, 1990, 87 (2): 918-919.

[24] BLACKMAN S,POPOLI R. Design and analysis of modern tracking systems [M]. Boston: Artech House, 1999.

[25] 何友，修建娟，关欣. 雷达数据处理及应用 [M]. 北京：电子工业出版

社，2013.
[26] REED I, GAGLIARDI R, STOTTS L. Optical moving target detection with 3-D matched filtering [J]. IEEE Transactions on Aerospace and Electronic Systems, 1988, 24 (4): 327-336.
[27] REED I, GAGLIARDI R, SHAO H. Application of three-dimensional filtering to moving target detection [J]. IEEE Transactions on Aerospace and Electronic Systems, 1983, 19 (6): 898-905.
[28] KIM Y, OH H, BILGIN A. Super resolution reconstruction based on block matching and three-dimensional filtering with sharpening [J]. IET Image Processing, 2015, 9 (12): 1048-1056.
[29] RICHARDS G. Application of the Hough transform as a track-before-detect method [C]. IEE Colloquium on Target Tracking and Data Fusion, Malvern, UK, 1996: 1-3.
[30] BO J, YU H, WANG G. The HT-TBD algorithm for large maneuvering targets with fewer beats and more groups [C]. 2021 IEEE 4th Advanced Information Management, Communicates, Electronic and Automation Control Conference (IMCEC), Chongqing, China, 2021: 202-206.
[31] LI L, WANG G, ZHANG X, et al. Adaptive real-time recursive radial distance-time plane Hough transform track-before-detect algorithm for hypersonic target [J]. IET Radar Sonar and Navigation, 2019, 14 (1): 138-146.
[32] MOYER L, SPAK J, LAMANNA P. A multi-dimensional Hough transform-based track-before-detect technique for detecting weak targets in strong clutter backgrounds [J]. IEEE Transactions on Aerospace and Electronic Systems, 2011, 47 (4): 3062-3068.
[33] RUTTEN M, RISTIC B, GORDON N. A comparison of particle filters for recursive track-before-detect [C]. 2005 7th International Conference on Information Fusion, Philadelphia, PA, USA, 2005: 169-175.
[34] BOERS Y, DRIESSEN H. Particle filter track-before-detect application using inequality constraints [J]. IEEE Transactions on Aerospace and Electronic Systems, 2005, 41 (4): 1481-1487.
[35] RUTTEN M, GORDON N, MASKELL S. Efficient particle-based track-before-detect in Rayleigh noise [C]. Proceedings of the Seventh International Conference on Information Fusion, FUSION 2004, Stockholm, Sweden, 2004: 693-700.

[36] RUTTEN M, GORDON N, MASKELL S. Recursive track-before-detect with target amplitude fluctuations [J]. IEE Proceedings-Radar, Sonar and Navigation, 2005, 152 (5): 345-352.

[37] YI W, MORELANDE M, KONG L, et al. A computationally efficient particle filter for multitarget tracking using an independence approximation [J]. IEEE Transactions on Signal Processing, 2013, 61 (4): 843-856.

[38] UBEDA-MEDINA L, GARCIA-FERNANDEZ A, GRAJAL J. Adaptive auxiliary particle filter for track-before-detect with multiple targets [J]. IEEE Transactions on Aerospace and Electronic Systems, 2017, 53 (5): 2317-2330.

[39] YI W, FU L, GARCIA-FERNANDEZ A, et al. Particle filtering based track-before-detect method for passive array sonar systems [J]. Signal Processing, 2019, 165: 303-314.

[40] HONG L, WANG X, LIU S. Micro-Doppler curves extraction based on high-order particle filter track-before-detect [J]. IEEE Geoscience and Remote Sensing Letters, 2019, 16 (10): 1550-1554.

[41] MA X, LIU P, GUO Y, et al. An improved multi-model particle filter track-before-detect algorithm [C]. 2022 3rd China International SAR Symposium (CISS), Shanghai, China, 2022: 1-5.

[42] AWADHIYA R. Particle filter based track before detect method for space surveillance radars [C]. 2022 IEEE Radar Conference, New York, USA, 2022: 1-6.

[43] WONG S, VO B, PAPI F. Bernoulli forward-backward smoothing for track-before-detect [J]. IEEE Signal Processing Letters, 2014, 21 (6): 727-731.

[44] ZHAN R, LU D, ZHANG J. Maneuvering targets track-before-detect using multiple-model multi-Bernoulli filtering [C]. 2013 International Conference on Information Technology and Applications, Chengdu, China, 2013: 348-353.

[45] YU B, YE E. Track-before-detect labeled multi-Bernoulli smoothing for multiple extended objects [C]. 2020 IEEE 23rd International Conference on Information Fusion (FUSION), Chengdu, China, 2020: 1-8.

[46] 滕凯. 基于 H-PMHT 的海面弱目标检测前跟踪算法 [D]. 杭州：杭州电子科技大学，2023.

[47] BARNIV Y. Dynamic programming solution for detecting dim moving targets [J]. IEEE Transactions on Aerospace and Electronic Systems, 1985, 21 (1): 144-156.

[48] BARNIV Y,KELLA O. Dynamic programming solution for detecting dim moving targets part II: Analysis [J]. IEEE Transactions on Aerospace and Electronic Systems, 1987, 23 (6): 776-788.

[49] TONISSEN S,EVANS R. Performance of dynamic programming techniques for track-before-detect [J]. IEEE Transactions on Aerospace and Electronic Systems, 1996, 32 (4): 1440-1451.

[50] 张鹏，张林让. 一种用于高脉冲重复频率雷达的 TBD 检测算法 [J]. 西北工业大学学报，2014，32 (2)：6.

[51] 张鹏，张林让，胡子军. HPRF 雷达距离延拓检测前跟踪方法 [J]. 西安电子科技大学学报，2014，35 (5)：207-212.

[52] BUZZI S, LOPS M,VENTURINO L. Track-before-detect procedures for early detection of moving target from airborne radars [J]. IEEE Transactions on Aerospace and Electronic Systems, 2005, 41 (3): 937-954.

[53] DENG X, PI Y,MORELANDE M, et al. Track-before-detect procedures for low pulse repetition frequency surveillance radars [J]. IET Radar Sonar Navigation, 2011, 5 (1): 65-73.

[54] ZHANG P, ZHANG L. A novel track-before-detect method for medium pulse repetition frequency radars [J]. Journal of Computational Information Systems, 2014, 10 (18): 8085-8092.

[55] WEN M, YI W,WANG Y. Track-before-detect strategies for multiple-PRF radar system with range and Doppler ambiguities [C]. 2018 21st International Conference on Information Fusion (FUSION), Cambridge, UK, 2018: 295-301.

[56] WEN M, YI W,LI W. Multi-frame track-before-detect algorithm for disambiguation [J]. The Journal of Engineering, 2019 (21): 7726-7729.

[57] LI W, YI W,KONG L, et al. An efficient track-before-detect for multi-PRF radars with range and Doppler ambiguities [J]. IEEE Transactions on Aerospace and Electronic Systems, 2022, 58 (5): 4083-4100.

[58] ORLANDO D,VENTURINO L, LOPS M, et al. Track-before-detect strategies for STAP radars [J]. IEEE Transactions on Signal Processing, 2010, 58 (2): 933-938.

[59] JIANG H, YI W,KONG L, et al. An improved track-before-detect strategy for STAP radars [C]. IET International Radar Conference 2015, Hangzhou, China, 2015: 1-5.

[60] ORLANDO D, RICCI G, BAR-SHALOM Y. Track-before-detect algorithms for targets with kinematic constraints [J]. IEEE Transactions on Aerospace and Electronic Systems, 2011, 47 (3): 1837- 1849.

[61] ZHANG Z, YI W, KONG L. Target detection and localization using multi-frame information for noncoherent MIMO radar [C]. IET International Radar Conference 2015, Hangzhou, China, 2015: 1-6.

[62] GU W, WANG D, MA X, et al. Distributed OFDM-MIMO radar track-before-detect based on second order target state model [C]. 2016 IEEE Information Technology, Networking, Electronic and Automation Control Conference, Chongqing, China, 2016: 667-671.

[63] GUO Y, ZENG Z, ZHAO S. An amplitude association dynamic programming TBD algorithm with multistatic radar [C]. 2016 35th Chinese Control Conference, Chengdu, China, 2016: 5076-5079.

[64] 王经鹤. 组网雷达多帧检测前跟踪技术研究 [D]. 成都: 电子科技大学, 2019.

[65] SHAW S, ARNOLD J. Design and implementation of a fully automated OTH radar tracking system [C]. Proceedings International Radar Conference, Alexandria, VA, USA, 1995: 294-298.

[66] 范晓彦, 王俊, 何兵哲. 基于检测前跟踪的超视距雷达微弱目标检测方法 [C]. 2006 年航天测控技术研讨会论文集, 西宁, 中国, 2006: 340-344.

[67] 周海峰, 张冰瑞. 一种适用于天波超视距雷达的 TBD 工程化算法 [J]. 现代雷达, 2019, 41 (2): 35-38.

[68] ZHENG D, WANG S, QIN X. A dynamic programming track-before-detect algorithm based on local linearization for non-Gaussian clutter background [J]. Chinese Journal of Electronics, 2016, 25 (3): 583-590.

[69] YI W, JIANG H, KIRUBARAJAN T, et al. Track-before-detect strategies for radar detection in G0- distributed clutter [J]. IEEE Transactions on Aerospace and Electronic Systems, 2017, 53 (5): 2516-2533.

[70] JIANG H, YI W, CUI G, et al. Knowledge-based track-before-detect strategies for fluctuating targets in K-distributed clutter [J]. IEEE Sensors Journal, 2016, 16 (19): 7124-7132.

[71] GAO L, LI X, WANG M, et al. Joint intra-frame and inter-frame integration method for high speed weak target detection [C]. 2022 7th International Confer-

ence on Signal and Image Processing (ICSIP), Suzhou, China, 2022: 290-294.
[72] 樊玲, 周昌海. 基于动态规划和离散调频傅里叶变换的相参检测前跟踪算法 [J]. 电讯技术, 2014, 54 (8): 6.
[73] CHEN S, LUO F, ZHANG L, et al. Coherent integration detection method for maneuvering target based on dynamic programming [J]. AEU-International Journal of Electronics and Communications, 2017, 73: 46-49.
[74] YUE S, KONG L, YANG J, et al. A Kalman filtering-based dynamic programming track-before-detect algorithm for turn target [C]. 2010 International Conference on Communications, Circuits and Systems (ICCCAS), Chengdu, China, 2010: 449-452.
[75] LI X, WANG S, ZHENG D. A DP-TBD algorithm with adaptive state transition set for maneuvering targets [C]. 2016 CIE International Conference on Radar, Guangzhou, China, 2016: 1-4.
[76] ZHENG D, WANG S, LIU C. An improved dynamic programming track-before-detect algorithm for radar target detection [C]. 2014 12th International Conference on Signal Processing (ICSP), Hangzhou, China, 2014: 2120-2124.
[77] ZHENG D, XU H, ZHOU C. Maneuvering target joint detection and tracking using multi-frame integration [C]. 2019 International Conference on Control, Automation and Information Sciences (ICCAIS), Chengdu, China, 2019: 1-6.
[78] CHEN S, LUO F, ZHANG L, et al. Dynamic programming based adaptive step integration method for maneuvering fluctuating target detection [J]. AEU-International Journal of Electronics and Communications, 2018, 83: 95-99.
[79] 姜海超. 基于知识辅助的检测前跟踪算法研究 [D]. 成都: 电子科技大学, 2017.
[80] 杨威, 付耀文, 潘晓刚, 等. 弱目标检测前跟踪技术研究综述 [J]. 电子学报, 2014, 42 (9): 1786-1793.
[81] 李武军. 机载雷达多帧检测前跟踪方法研究 [D]. 成都: 电子科技大学, 2023.
[82] KIRUBARAJAN T, BAR-SHALOM Y. Low observable target motion analysis using amplitude information [J]. IEEE Transactions on Aerospace and Electronic Systems, 1996, 32 (4): 1367-1384.

[83] BELLMAN R.The art and theory of dynamic programming [M]. Pittsburgh: Academic Press, 1956.
[84] BELLMAN R.Dynamic programming, system identification, and suboptimization [J]. SIAM Journal on Control, 1965, 4 (1): 17.
[85] 黎远松. 算法分析与设计 [M]. 成都: 西南交通大学出版社, 2013.
[86] 王永良, 彭应宁. 空时自适应信号处理 [M]. 北京: 清华大学出版社, 2000.
[87] DING H, GUAN J,LIU N, et al. New spatial correlation models for sea clutter [J]. IEEE Geoscience and Remote Sensing Letters, 2015, 12 (9): 1833-1837.
[88] 张圣鹊. 机载认知雷达中的 KA-STAP 研究 [D]. 成都: 电子科技大学, 2017.
[89] 孙国皓. 基于协方差矩阵结构特征的机载雷达空时处理 [D]. 成都: 电子科技大学, 2019.
[90] ABRAHAM D,LYONS A. Novel physical interpretations of K-distributed reverberation [J]. IEEE Journal of Oceanic Engineering, 2002, 27 (4): 800-813.
[91] 李锐洋. 机载雷达杂波抑制与目标检测算法研究 [D]. 成都: 电子科技大学, 2017.
[92] WANG Z, HE Z,HE Q. MIMO radar detection in compound Gaussian sea clutter using joint model and sample selection [C]. 2020 IEEE Radar Conference (RadarConf20), Florence, Italy, 2020: 1- 6.
[93] 周文瑜. 超视距雷达技术 [M]. 北京: 电子工业出版社, 2008.
[94] THAYAPARAN T, DUPONT D, IBRAHIM Y, et al. High-frequency ionospheric monitoring system for over-the-horizon radar in Canada [J]. IEEE Transactions on Geoscience and Remote Sensing, 2019, 57 (9): 6372-6384.
[95] 王兆祎. 天波超视距雷达杂波抑制与目标探测研究 [D]. 成都: 电子科技大学, 2020.
[96] YI W, FANG Z,LI W, et al. Multi-frame track-before-detect algorithm for maneuvering target tracking [J]. IEEE Transactions on Vehicular Technology, 2020, 69 (4): 4104-4118.
[97] STOVE A. Linear FMCW radar techniques [J]. IEE Proceedings-Radar, Sonar and Navigation, 1992, 139 (5): 343-350.
[98] OLKIN J,NOWLIN W, BARNUM J. Detection of ships using OTH radar with short integration times [C]. Proceedings of the 1997 IEEE National Radar Con-

ference, Syracuse, NY, USA, 1997: 1-6.
[99] GUO X, NI J, LIU G. Ship detection with short coherent integration time in over-the-horizon radar [C]. 2003 Proceedings of the International Conference on Radar, Adelaide, SA, Australia, 2003: 667-671.
[100] WANG Z, SHI S, CHENG Z, et al. A modified sequential multiplexed method for detecting airborne and sea targets with over-the-horizon radar [J]. IEEE Access, 2020, 8: 84082-84092.
[101] WANG X, KONG H, WU B. Adaptive ionospheric clutter suppression based on subarrays in monostatic HF surface wave radar [J]. IEE Proceedings-Radar, Sonar and Navigation, 2005, 152 (2): 89-96.
[102] CHEN S, GILL E, HUANG W. A high-frequency surface wave radar ionospheric clutter model for mixed-path propagation with the second-order sea scattering [J]. IEEE Transactions on Antennas and Propagation, 2016, 64 (12): 5373-5381.
[103] WANG G, XIA X, ROOT B, et al. Maneuvering target detection in over-the-horizon radar by using adaptive chirplet transform and subspace clutter rejection [C]. 2003 IEEE International Conference on Acoustics, Speech, and Signal Processing, Hong Kong, China, 2003: 49-52.
[104] JOHNSON S, FRIGO M. A modified split-radix FFT with fewer arithmetic operations [J]. IEEE Transactions on Signal Processing, 2007, 55 (1): 111-119.
[105] WANG P, WANG J. A tracking method based on target classification and recognition [C]. 2019 IEEE 4th Advanced Information Technology, Electronic and Automation Control Conference (IAEAC), Chengdu, China, 2019: 255-259.

附录A　式（3-21）的推导

对式（3-21）进行推导。

$$\begin{aligned}p(\boldsymbol{c}_{k,n}) &= \int_0^{+\infty} p(\boldsymbol{c}_{k,n}\mid\tau_k)\,p(\tau_k)\,\mathrm{d}\tau_k \\ &= \int_0^{+\infty} \frac{1}{(\pi\tau_k)^{N_p}\left|\boldsymbol{R}_k\right|}\exp\left(-\frac{\boldsymbol{c}_{k,n}^{\mathrm{H}}\boldsymbol{R}_k^{-1}\boldsymbol{c}_{k,n}}{\tau_k}\right)p(\tau_k)\,\mathrm{d}\tau_k\end{aligned} \tag{A-1}$$

令 $q_0 = \boldsymbol{c}_{k,n}^{\mathrm{H}}\boldsymbol{R}_k^{-1}\boldsymbol{c}_{k,n}$，将式（3-20）代入式（附录 A-1），可得

$$\begin{aligned}p(\boldsymbol{c}_{k,n}) &= \int_0^{+\infty} \frac{1}{(\pi\tau_k)^{N_p}\left|\boldsymbol{R}_k\right|}\exp\left(-\frac{q_0}{\tau_k}\right)\frac{\tau_k^{\ \alpha-1}}{\beta^{\alpha}\Gamma(\alpha)}\exp\left(-\frac{\tau_k}{\beta}\right)\mathrm{d}\tau_k \\ &= \frac{1}{\pi^{N_p}\left|\boldsymbol{R}_k\right|\beta^{\alpha}\Gamma(\alpha)}\int_0^{+\infty}\tau_k^{\alpha-N_p-1}\exp\left(-\frac{\tau_k}{\beta}-\frac{q_0}{\tau_k}\right)\mathrm{d}\tau_k\end{aligned} \tag{A-2}$$

令 $\tau_k/\beta = t$，则 $\tau_k = \beta t$，将其代入式（A-2）可得

$$\begin{aligned}p(\boldsymbol{c}_{k,n}) &= \frac{\beta^{-N_p}}{\pi^{N_p}\left|\boldsymbol{R}_k\right|\Gamma(\alpha)}\int_0^{+\infty} t^{\alpha-N_p-1}\exp\left(-t-\frac{4q_0/\beta}{4t}\right)\mathrm{d}t \\ &= \frac{2\beta^{-N_p}\left(\sqrt{q_0/\beta}\right)^{\alpha-N_p}}{\pi^{N_p}\left|\boldsymbol{R}_k\right|\Gamma(\alpha)}\frac{1}{2}\left(\frac{2\sqrt{q_0/\beta}}{2}\right)^{-\alpha+N_p}\times \\ &\quad \int_0^{+\infty} t^{-(-\alpha+N_p+1)}\exp\left(-t-\frac{\left(2\sqrt{q_0/\beta}\right)^2}{4t}\right)\mathrm{d}t\end{aligned} \tag{A-3}$$

根据第二类修正贝塞尔函数的定义和性质

$$K_v(x) = \frac{1}{2}\left(\frac{x}{2}\right)^{v}\int_0^{\infty} t^{-(v+1)}\exp\left(-t-\frac{x^2}{4t}\right)\mathrm{d}t \tag{A-4}$$

$$K_v(x) = K_{-v}(x) \tag{A-5}$$

式（A-3）可改写为

$$p(\boldsymbol{c}_{k,n})=\frac{2\beta^{-(\alpha+N_p)/2}q_0^{(\alpha-N_p)/2}}{\pi^{N_p}|\boldsymbol{R}_k|\Gamma(\alpha)}K_{\alpha-N_p}\left(2\sqrt{q_0/\beta}\right) \tag{A-6}$$

即得式（3-21）。

附录 B　式（3-24）的推导

对式（3-24）进行推导。

$$\begin{aligned} p(\boldsymbol{c}_{k,n}) &= \int_0^{+\infty} p(\boldsymbol{c}_{k,n} \mid \tau_k)\, p(\tau_k)\, \mathrm{d}\tau_k \\ &= \int_0^{+\infty} \frac{1}{(\pi\tau_k)^{N_p} |\boldsymbol{R}_k|} \exp\left(-\frac{\boldsymbol{c}_{k,n}^{\mathrm{H}} \boldsymbol{R}_k^{-1} c_{k,n}}{\tau_k}\right) p(\tau_k)\, \mathrm{d}\tau_k \end{aligned} \tag{B-1}$$

令 $q_0 = \boldsymbol{c}_{k,n}^{\mathrm{H}} \boldsymbol{R}_k^{-1} \boldsymbol{c}_{k,n}$，将式（3-23）代入式（B-1），可得

$$\begin{aligned} p(\boldsymbol{c}_{k,n}) &= \int_0^{+\infty} \frac{1}{(\pi\tau_k)^{N_p} |\boldsymbol{R}_k|} \exp\left(-\frac{q_0}{\tau_k}\right) \sqrt{\frac{\alpha}{2\pi}}\, \tau_k^{-3/2} \exp\left(-\frac{\alpha\,(\tau_k - \beta)^2}{2\beta^2 \tau_k}\right) \mathrm{d}\tau_k \\ &= \frac{\mathrm{e}^{\alpha/\beta}}{\pi^{1/2+N_p} |\boldsymbol{R}_k|} \sqrt{\frac{\alpha}{2}} \int_0^{+\infty} \tau_k^{-N_p-3/2} \exp\left(-\frac{\alpha\tau_k}{2\beta^2} - \frac{\alpha + 2q_0}{2\tau_k}\right) \mathrm{d}\tau_k \end{aligned} \tag{B-2}$$

令 $\alpha\tau_k/2\beta^2 = t$，则 $\tau_k = 2\beta^2 t/\alpha$，将其代入式（B-2）可得

$$\begin{aligned} p(\boldsymbol{c}_{k,n}) &= \frac{\mathrm{e}^{\alpha/\beta}}{\pi^{1/2+N_p} |\boldsymbol{R}_k|} \sqrt{\frac{\alpha}{2}} \int_0^{+\infty} \left(\frac{2\beta^2}{\alpha}\right)^{-N_p-3/2} t^{-N_p-3/2} \times \\ &\quad \exp\left(-t - \frac{\alpha^2}{\beta^2} \frac{1 + 2q_0/\alpha}{4t}\right) \frac{2\beta^2}{\alpha} \mathrm{d}t \\ &= \frac{\sqrt{2\alpha}\, \mathrm{e}^{\alpha/\beta}\, (1 + 2q_0/\alpha)^{-(1/4+N_p/2)}}{(\beta\pi)^{1/2+N_p} |\boldsymbol{R}_k|} \frac{1}{2} \left(\frac{\frac{\alpha}{\beta}\sqrt{1 + \frac{2q_0}{\alpha}}}{2}\right)^{1/2+N_p} \times \\ &\quad \int_0^{+\infty} t^{-(N_p+1/2+1)} \exp\left(-t - \frac{\left(\frac{\alpha}{\beta}\sqrt{1 + \frac{2q_0}{\alpha}}\right)^2}{4t}\right) \mathrm{d}t \end{aligned} \tag{B-3}$$

根据第二类修正贝塞尔函数的定义

$$K_v(x) = \frac{1}{2}\left(\frac{x}{2}\right)^v \int_0^\infty t^{-(v+1)} \exp\left(-t - \frac{x^2}{4t}\right) dt \tag{B-4}$$

式（B-3）可改写为

$$p(\boldsymbol{c}_{k,n}) = \frac{\sqrt{2\alpha}\,e^{\alpha/\beta}\left(1 + 2q_0/\alpha\right)^{-(1/4+N_p/2)}}{(\beta\pi)^{1/2+N_p}\left|\boldsymbol{R}_k\right|} K_{1/2+N_p}\left(\frac{\alpha}{\beta}\sqrt{1 + \frac{2q_0}{\alpha}}\right) \tag{B-5}$$

即得式（3-24）。

附录 C　式（3-33）和式（3-34）的推导

将服从伽马分布的纹理分量的 PDF，即式（3-20），分别代入式（3-31）和式（3-32），可得

$$p_1(\boldsymbol{z}_{k,n}) = \int_0^{+\infty} \frac{1}{(\pi\tau_k)^{N_a N_p} |\boldsymbol{R}_k|} \exp\left(-\frac{q_1}{\tau_k}\right) \frac{\tau_k^{\alpha-1}}{\beta^\alpha \Gamma(\alpha)} \exp\left(-\frac{\tau_k}{\beta}\right) \mathrm{d}\tau_k$$
$$= \frac{1}{\pi^{N_a N_p} |\boldsymbol{R}_k| \beta^\alpha \Gamma(\alpha)} \int_0^{+\infty} \tau_k^{\alpha - N_a N_p - 1} \exp\left(-\frac{\tau_k}{\beta} - \frac{q_1}{\tau_k}\right) \mathrm{d}\tau_k \tag{C-1}$$

$$p_0(\boldsymbol{z}_{k,n}) = \int_0^{+\infty} \frac{1}{(\pi\tau_k)^{N_a N_p} |\boldsymbol{R}_k|} \exp\left(-\frac{q_0}{\tau_k}\right) \frac{\tau_k^{\alpha-1}}{\beta^\alpha \Gamma(\alpha)} \exp\left(-\frac{\tau_k}{\beta}\right) \mathrm{d}\tau_k$$
$$= \frac{1}{\pi^{N_a N_p} |\boldsymbol{R}_k| \beta^\alpha \Gamma(\alpha)} \int_0^{+\infty} \tau_k^{\alpha - N_a N_p - 1} \exp\left(-\frac{\tau_k}{\beta} - \frac{q_0}{\tau_k}\right) \mathrm{d}\tau_k \tag{C-2}$$

令 $\tau_k/\beta = t$，则 $\tau_k = \beta t$，将其代入式（C-1）和式（C-2）中，分别可得

$$p_1(\boldsymbol{z}_{k,n}) = \frac{\beta^{-N_a N_p}}{\pi^{N_a N_p} |\boldsymbol{R}_k| \Gamma(\alpha)} \int_0^{+\infty} t^{\alpha - N_a N_p - 1} \exp\left(-t - \frac{4q_1/\beta}{4t}\right) \mathrm{d}t$$
$$= \frac{2\beta^{-N_a N_p} \left(\sqrt{q_1/\beta}\right)^{\alpha - N_a N_p}}{\pi^{N_a N_p} |\boldsymbol{R}_k| \Gamma(\alpha)} \frac{1}{2} \left(\frac{2\sqrt{q_1/\beta}}{2}\right)^{-\alpha + N_a N_p} \times \tag{C-3}$$
$$\int_0^{+\infty} t^{-(-\alpha + N_a N_p + 1)} \exp\left(-t - \frac{\left(2\sqrt{q_1/\beta}\right)^2}{4t}\right) \mathrm{d}t$$

$$p_0(\boldsymbol{z}_{k,n}) = \frac{\beta^{-N_a N_p}}{\pi^{N_a N_p} |\boldsymbol{R}_k| \Gamma(\alpha)} \int_0^{+\infty} t^{\alpha - N_a N_p - 1} \exp\left(-t - \frac{4q_0/\beta}{4t}\right) \mathrm{d}t$$
$$= \frac{2\beta^{-N_a N_p} \left(\sqrt{q_0/\beta}\right)^{\alpha - N_a N_p}}{\pi^{N_a N_p} |\boldsymbol{R}_k| \Gamma(\alpha)} \frac{1}{2} \left(\frac{2\sqrt{q_0/\beta}}{2}\right)^{-\alpha + N_a N_p} \times$$

$$\int_0^{+\infty} t^{-(-\alpha+N_aN_p+1)} \exp\left(-t-\frac{\left(2\sqrt{q_0/\beta}\right)^2}{4t}\right)\mathrm{d}t \tag{C-4}$$

根据第二类修正贝塞尔函数的定义和性质

$$K_v(x)=\frac{1}{2}\left(\frac{x}{2}\right)^v\int_0^{\infty} t^{-(v+1)}\exp\left(-t-\frac{x^2}{4t}\right)\mathrm{d}t \tag{C-5}$$

$$K_v(x)=K_{-v}(x) \tag{C-6}$$

式（C-3）和式（C-4）可分别改写为

$$p_1(\boldsymbol{z}_{k,n})=\frac{2\beta^{-(\alpha+N_aN_p)/2}q_1^{(\alpha-N_aN_p)/2}}{\pi^{N_aN_p}|\boldsymbol{R}_k|\Gamma(\alpha)}K_{\alpha-N_aN_p}\left(2\sqrt{q_1/\beta}\right) \tag{C-7}$$

$$p_0(\boldsymbol{z}_{k,n})=\frac{2\beta^{-(\alpha+N_aN_p)/2}q_0^{(\alpha-N_aN_p)/2}}{\pi^{N_aN_p}|\boldsymbol{R}_k|\Gamma(\alpha)}K_{\alpha-N_aN_p}\left(2\sqrt{q_0/\beta}\right) \tag{C-8}$$

即得式（3-33）和式（3-34）。

附录 D 式（3-62）和式（3-63）的推导

将服从逆高斯分布的纹理分量的 PDF，即式（3-23），代入式（3-31）和式（3-32），可得 IGCG 分布杂波背景下，H_1 和 H_0 假设下的回波数据的 PDF 分别为

$$
\begin{aligned}
p_1(\boldsymbol{z}_{k,n}) &= \int_0^{+\infty} \frac{1}{(\pi\tau_k)^{N_aN_p}|\boldsymbol{R}_k|}\exp\left(-\frac{q_1}{\tau_k}\right)\sqrt{\frac{\alpha}{2\pi}}\tau_k^{-3/2}\exp\left(-\frac{\alpha(\tau_k-\beta)^2}{2\beta^2\tau_k}\right)\mathrm{d}\tau_k \\
&= \frac{\mathrm{e}^{\alpha/\beta}}{\pi^{1/2+N_aN_p}|\boldsymbol{R}_k|}\sqrt{\frac{\alpha}{2}}\int_0^{+\infty}\tau_k^{-N_aN_p-3/2}\exp\left(-\frac{\alpha\tau_k}{2\beta^2}-\frac{\alpha+2q_1}{2\tau_k}\right)\mathrm{d}\tau_k
\end{aligned}
\tag{D-1}
$$

$$
\begin{aligned}
p_0(\boldsymbol{z}_{k,n}) &= \int_0^{+\infty} \frac{1}{(\pi\tau_k)^{N_aN_p}|\boldsymbol{R}_k|}\exp\left(-\frac{q_0}{\tau_k}\right)\sqrt{\frac{\alpha}{2\pi}}\tau_k^{-3/2}\exp\left(-\frac{\alpha(\tau_k-\beta)^2}{2\beta^2\tau_k}\right)\mathrm{d}\tau_k \\
&= \frac{\mathrm{e}^{\alpha/\beta}}{\pi^{1/2+N_aN_p}|\boldsymbol{R}_k|}\sqrt{\frac{\alpha}{2}}\int_0^{+\infty}\tau_k^{-N_aN_p-3/2}\exp\left(-\frac{\alpha\tau_k}{2\beta^2}-\frac{\alpha+2q_0}{2\tau_k}\right)\mathrm{d}\tau_k
\end{aligned}
\tag{D-2}
$$

令 $\alpha\tau_k/2\beta^2=t$，则 $\tau_k=2\beta^2t/\alpha$，将其代入式（D-1）和式（D-2）中，分别可得

$$
\begin{aligned}
p_1(\boldsymbol{z}_{k,n}) &= \frac{\mathrm{e}^{\alpha/\beta}}{\pi^{1/2+N_aN_p}|\boldsymbol{R}_k|}\sqrt{\frac{\alpha}{2}}\int_0^{+\infty}\left(\frac{2\beta^2}{\alpha}\right)^{-N_aN_p-3/2}t^{-N_aN_p-3/2}\times \\
&\quad \exp\left(-t-\frac{\alpha^2}{\beta^2}\frac{1+2q_1/\alpha}{4t}\right)\frac{2\beta^2}{\alpha}\mathrm{d}t \\
&= \frac{\sqrt{2\alpha}\,\mathrm{e}^{\alpha/\beta}(1+2q_1/\alpha)^{-(1/4+N_aN_p/2)}}{(\beta\pi)^{1/2+N_aN_p}|\boldsymbol{R}_k|}\frac{1}{2}\left(\frac{\frac{\alpha}{\beta}\sqrt{1+\frac{2q_1}{\alpha}}}{2}\right)^{1/2+N_aN_p}\times \\
&\quad \int_0^{+\infty}t^{-(N_aN_p+1/2+1)}\exp\left(-t-\frac{\left(\frac{\alpha}{\beta}\sqrt{1+\frac{2q_1}{\alpha}}\right)^2}{4t}\right)\mathrm{d}t
\end{aligned}
\tag{D-3}
$$

$$p_0(\boldsymbol{z}_{k,n}) = \frac{e^{\alpha/\beta}}{\pi^{1/2+N_aN_p}|\boldsymbol{R}_k|}\sqrt{\frac{\alpha}{2}}\int_0^{+\infty}\left(\frac{2\beta^2}{\alpha}\right)^{-N_aN_p-3/2} t^{-N_aN_p-3/2} \times$$

$$\exp\left(-t-\frac{\alpha^2}{\beta^2}\frac{1+2q_0/\alpha}{4t}\right)\frac{2\beta^2}{\alpha}dt$$

$$= \frac{\sqrt{2\alpha}\,e^{\alpha/\beta}\,(1+2q_0/\alpha)^{-(1/4+N_aN_p/2)}}{(\beta\pi)^{1/2+N_aN_p}|\boldsymbol{R}_k|}\frac{1}{2}\left(\frac{\frac{\alpha}{\beta}\sqrt{1+\frac{2q_0}{\alpha}}}{2}\right)^{1/2+N_aN_p} \times$$

$$\int_0^{+\infty} t^{-(N_aN_p+1/2+1)}\exp\left(-t-\frac{\left(\frac{\alpha}{\beta}\sqrt{1+\frac{2q_0}{\alpha}}\right)^2}{4t}\right)dt \tag{D-4}$$

根据第二类修正贝塞尔函数的定义

$$K_v(x) = \frac{1}{2}\left(\frac{x}{2}\right)^v\int_0^{\infty} t^{-(v+1)}\exp\left(-t-\frac{x^2}{4t}\right)dt \tag{D-5}$$

式（D-3）和式（D-4）可分别改写为：

$$p_1(\boldsymbol{z}_{k,n}) = \frac{\sqrt{2\alpha}\,e^{\alpha/\beta}\,(1+2q_1/\alpha)^{-(1/4+N_aN_p/2)}}{(\beta\pi)^{1/2+N_aN_p}|\boldsymbol{R}_k|}K_{1/2+N_aN_p}\left(\frac{\alpha}{\beta}\sqrt{1+\frac{2q_1}{\alpha}}\right) \tag{D-6}$$

$$p_0(\boldsymbol{z}_{k,n}) = \frac{\sqrt{2\alpha}\,e^{\alpha/\beta}\,(1+2q_0/\alpha)^{-(1/4+N_aN_p/2)}}{(\beta\pi)^{1/2+N_aN_p}|\boldsymbol{R}_k|}K_{1/2+N_aN_p}\left(\frac{\alpha}{\beta}\sqrt{1+\frac{2q_0}{\alpha}}\right) \tag{D-7}$$

即得式（3-62）和式（3-63）。

附录 E　第 5 章 HI-DP-TBD 算法的一个实例

实例中的参数设置如表 E-1 所示。图 E-1 是该实例的算法流程示意图。

表 E-1　实例中 HI-DP-TBD 算法的参数

参数名称	M_1	M_2	$M^{(s)}$	K_1	K_2	N_r	L	Δl	Δn
参数值	8	4	24	3	2	3	4	1	1

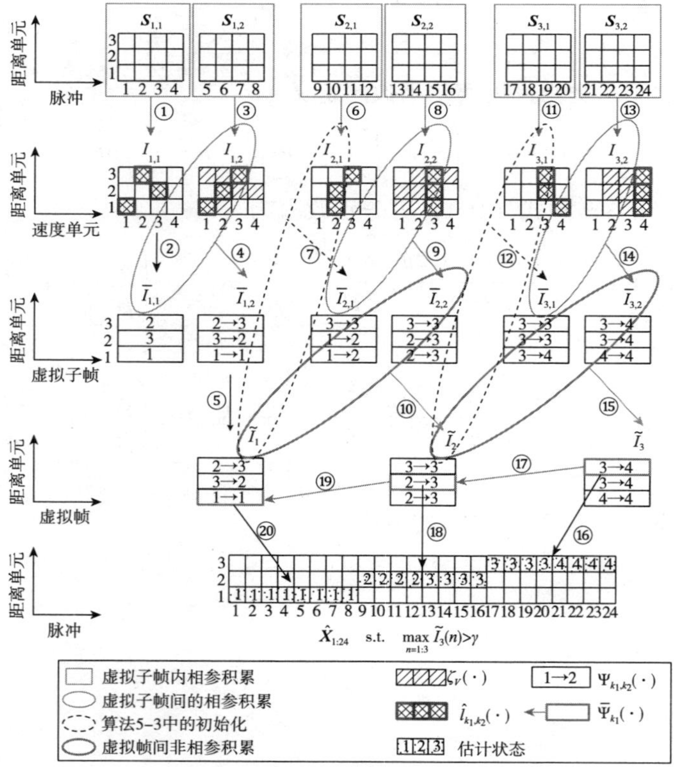

图 E-1　实例中 HI-DP-TBD 算法的流程示意图

图 E-1 中主要步骤的解释如下。

①对每一个状态（n_1，$l_{1,1}$），通过式（5-22）和式（5-23）计算 $I_{1,1}(n_1, l_{1,1})$，则可得 $I_{1,1}$。

②假设

$$\arg\max_{l_{1,1}\in\{1,2,3,4\}} I_{1,1}(n_1=1, l_{1,1})=1 \tag{E-1}$$

$$\arg\max_{l_{1,1}\in\{1,2,3,4\}} I_{1,1}(n_1=2, l_{1,1})=3 \tag{E-2}$$

$$\arg\max_{l_{1,1}\in\{1,2,3,4\}} I_{1,1}(n_1=3, l_{1,1})=2 \tag{E-3}$$

则可得 $\bar{I}_{1,1}$

$$\bar{I}_{1,1}(n_1=1)=I_{1,1}(n_1=1, l_{1,1}=1) \tag{E-4}$$

$$\bar{I}_{1,1}(n_1=2)=I_{1,1}(n_1=2, l_{1,1}=3) \tag{E-5}$$

$$\bar{I}_{1,1}(n_1=3)=I_{1,1}(n_1=3, l_{1,1}=2) \tag{E-6}$$

$$\Psi_{1,1}(n_1=1)=\hat{l}_{1,1}(n_1=1)=1 \tag{E-7}$$

$$\Psi_{1,1}(n_1=2)=\hat{l}_{1,1}(n_1=2)=3 \tag{E-8}$$

$$\Psi_{1,1}(n_1=3)=\hat{l}_{1,1}(n_1=3)=2 \tag{E-9}$$

③类似于①，可得 $I_{1,2}$。

④假设

$$\arg\max_{l_{1,2}\in\{1,2\}} (\bar{I}_{1,1}(n_1=1)W+I_{1,2}(n_1=1, l_{1,2}))=1 \tag{E-10}$$

$$\arg\max_{l_{1,2}\in\{2,3,4\}} (\bar{I}_{1,1}(n_1=2)W+I_{1,2}(n_1=2, l_{1,2}))=2 \tag{E-11}$$

$$\arg\max_{l_{1,2}\in\{1,2,3\}} (\bar{I}_{1,1}(n_1=3)W+I_{1,2}(n_1=3, l_{1,2}))=3 \tag{E-12}$$

则可得

$$\bar{I}_{1,2}(n_1=1)=\bar{I}_{1,1}(n_1=1)W+I_{1,2}(n_1=1, l_{1,2}=1) \tag{E-13}$$

$$\bar{I}_{1,2}(n_1=2)=\bar{I}_{1,1}(n_1=2)W+I_{1,2}(n_1=2, l_{1,2}=2) \tag{E-14}$$

$$\bar{I}_{1,2}(n_1=3)=\bar{I}_{1,1}(n_1=3)W+I_{1,2}(n_1=3, l_{1,2}=3) \tag{E-15}$$

$$\Psi_{1,2}(n_1=1)=\hat{l}_{1,2}(n_1=1)=1 \tag{E-16}$$

$$\Psi_{1,2}(n_1=2)=\hat{l}_{1,2}(n_1=2)=2 \tag{E-17}$$

$$\Psi_{1,2}(n_1=3)=\hat{l}_{1,2}(n_1=3)=3 \tag{E-18}$$

⑤可得

$$\tilde{I}_1(n_1=1)=|\bar{I}_{1,1}(n_1=1)| \quad (E-19)$$

$$\tilde{I}_1(n_1=2)=|\bar{I}_{1,1}(n_1=2)| \quad (E-20)$$

$$\tilde{I}_1(n_1=3)=|\bar{I}_{1,1}(n_1=3)| \quad (E-21)$$

⑥类似于①，可得 $I_{2,1}$。

⑦假设

$$\arg\max_{(n_1=1,\ l_{2,1}\in\{1,2\})\cup(n_1=2,\ l_{2,1}\in\{1,2,3\})}(\tilde{I}_1(n_1)+|I_{2,1}(n_2=1,\ l_{2,1})|)=(n_1=1,\ l_{2,1}=2) \quad (E-22)$$

$$\arg\max_{(n_1=1,\ l_{2,1}\in\{1,2\})\cup(n_1=2,\ l_{2,1}\in\{1,2,3\})\cup(n_1=3,\ l_{2,1}\in\{2,3,4\})}(\tilde{I}_1(n_1)+|I_{2,1}(n_2=2,\ l_{2,1})|)=(n_1=1,\ l_{2,1}=2) \quad (E-23)$$

$$\arg\max_{(n_1=2,\ l_{2,1}\in\{1,2,3\})\cup(n_1=3,\ l_{2,1}\in\{2,3,4\})}(\tilde{I}_1(n_1)+|I_{2,1}(n_2=3,\ l_{2,1})|)=(n_1=3,\ l_{2,1}=3) \quad (E-24)$$

则可得

$$\bar{I}_{2,1}(n_2=1)=\tilde{I}_1(n_1=1)+|I_{2,1}(n_2=1,\ l_{2,1}=2)| \quad (E-25)$$

$$\bar{I}_{2,1}(n_2=2)=\tilde{I}_1(n_1=1)+|I_{2,1}(n_2=2,\ l_{2,1}=2)| \quad (E-26)$$

$$\bar{I}_{2,1}(n_2=3)=\tilde{I}_1(n_1=3)+|I_{2,1}(n_2=3,\ l_{2,1}=3)| \quad (E-27)$$

$$\Psi_{2,1}(n_2=1)=\hat{l}_{2,1}(n_2=1)=2 \quad (E-28)$$

$$\Psi_{2,1}(n_2=2)=\hat{l}_{2,1}(n_2=2)=2 \quad (E-29)$$

$$\Psi_{2,1}(n_2=3)=\hat{l}_{2,1}(n_2=3)=3 \quad (E-30)$$

⑧类似于①，可得 $I_{2,2}$。

⑨类似于④，假设

$$\arg\max_{l_{2,2}\in\{1,2,3\}}(\bar{I}_{2,1}(n_2=1)W+I_{2,2}(n_2=1,\ l_{2,2}))=3 \quad (E-31)$$

$$\arg\max_{l_{2,2}\in\{1,2,3\}}(\bar{I}_{2,1}(n_2=2)W+I_{2,2}(n_2=2,\ l_{2,2}))=3 \quad (E-32)$$

$$\arg\max_{l_{2,2}\in\{2,3,4\}}(\bar{I}_{2,1}(n_2=3)W+I_{2,2}(n_2=3,\ l_{2,2}))=3 \quad (E-33)$$

则可得

$$\bar{I}_{2,2}(n_2=1)=\bar{I}_{2,1}(n_2=1)W+I_{2,2}(n_2=1, l_{2,2}=3) \quad \text{(E-34)}$$

$$\bar{I}_{2,2}(n_2=2)=\bar{I}_{2,1}(n_2=2)W+I_{2,2}(n_2=2, l_{2,2}=3) \quad \text{(E-35)}$$

$$\bar{I}_{2,2}(n_2=3)=\bar{I}_{2,1}(n_2=3)W+I_{2,2}(n_2=3, l_{2,2}=3) \quad \text{(E-36)}$$

$$\Psi_{2,2}(n_2=1)=\hat{l}_{2,2}(n_2=1)=3 \quad \text{(E-37)}$$

$$\Psi_{2,2}(n_2=2)=\hat{l}_{2,2}(n_2=2)=3 \quad \text{(E-38)}$$

$$\Psi_{2,2}(n_2=3)=\hat{l}_{2,2}(n_2=3)=3 \quad \text{(E-39)}$$

⑩假设

$$\arg\max_{n_1\in\{1,2\}}\tilde{I}_1(n_1)+|\bar{I}_{2,2}(n_2=1)|=1 \quad \text{(E-40)}$$

$$\arg\max_{n_1\in\{1,2,3\}}\tilde{I}_1(n_1)+|\bar{I}_{2,2}(n_2=2)|=1 \quad \text{(E-41)}$$

$$\arg\max_{n_1\in\{2,3\}}\tilde{I}_1(n_1)+|\bar{I}_{2,2}(n_2=3)|=3 \quad \text{(E-42)}$$

则可得

$$\tilde{I}_2(n_2=1)=\tilde{I}_1(n_1=1)+|\bar{I}_{2,2}(n_2=1)| \quad \text{(E-43)}$$

$$\tilde{I}_2(n_2=2)=\tilde{I}_1(n_1=1)+|\bar{I}_{2,2}(n_2=2)| \quad \text{(E-44)}$$

$$\tilde{I}_2(n_2=3)=\tilde{I}_1(n_1=3)+|\bar{I}_{2,2}(n_2=3)| \quad \text{(E-45)}$$

$$\bar{\Psi}_2(n_2=1)=\hat{n}_1=1 \quad \text{(E-46)}$$

$$\bar{\Psi}_2(n_2=2)=\hat{n}_1=1 \quad \text{(E-47)}$$

$$\bar{\Psi}_2(n_2=3)=\hat{n}_1=3 \quad \text{(E-48)}$$

⑪类似于①，可得 $I_{3,1}$。

⑫类似于⑦，假设

$$\arg\max_{(n_2=1,\ l_{3,1}\in\{2,3,4\})\cup(n_2=2,\ l_{3,1}\in\{2,3,4\})}(\tilde{I}_2(n_2)+|I_{3,1}(n_3=1, l_{3,1})|)=(n_2=1, l_{3,1}=4) \quad \text{(E-49)}$$

$$\arg\max_{\substack{(n_2=1,\ l_{3,1}\in\{2,3,4\})\cup(n_2=2,\ l_{3,1}\in\{2,3,4\})\\ \cup(n_2=3,\ l_{3,1}\in\{2,3,4\})}}(\tilde{I}_2(n_2)+|I_{3,1}(n_3=2, l_{3,1})|)=(n_2=2, l_{3,1}=3) \quad \text{(E-50)}$$

$$\arg\max_{(n_2=2,\ l_{3,1}\in\{2,3,4\})\cup(n_2=3,\ l_{3,1}\in\{2,3,4\})}(\tilde{I}_2(n_2)+|I_{3,1}(n_3=3, l_{3,1})|)=(n_2=3, l_{3,1}=3) \quad \text{(E-51)}$$

可得

$$\bar{I}_{3,1}(n_3=1)=\tilde{I}_2(n_2=1)+|I_{3,1}(n_3=1,\ l_{3,1}=4)| \quad (E-52)$$

$$\bar{I}_{3,1}(n_3=2)=\tilde{I}_2(n_2=2)+|I_{3,1}(n_3=2,\ l_{3,1}=3)| \quad (E-53)$$

$$\bar{I}_{3,1}(n_3=3)=\tilde{I}_2(n_2=3)+|I_{3,1}(n_3=3,\ l_{3,1}=3)| \quad (E-54)$$

$$\boldsymbol{\Psi}_{3,1}(n_3=1)=\hat{l}_{3,1}(n_3=1)=4 \quad (E-55)$$

$$\boldsymbol{\Psi}_{3,1}(n_3=2)=\hat{l}_{3,1}(n_3=2)=3 \quad (E-56)$$

$$\boldsymbol{\Psi}_{3,1}(n_3=3)=\hat{l}_{3,1}(n_3=3)=3 \quad (E-57)$$

⑬类似于①，可得 $I_{3,2}$。

⑭类似于④，假设

$$\arg\max_{l_{3,2}\in\{3,4\}}[\bar{I}_{3,1}(n_3=1)W+I_{3,2}(n_3=1,\ l_{3,2})]=4 \quad (E-58)$$

$$\arg\max_{l_{3,2}\in\{2,3,4\}}[\bar{I}_{3,1}(n_3=2)W+I_{3,2}(n_3=2,\ l_{3,2})]=4 \quad (E-59)$$

$$\arg\max_{l_{3,2}\in\{2,3,4\}}[\bar{I}_{3,1}(n_3=3)W+I_{3,2}(n_3=3,\ l_{3,2})]=4 \quad (E-60)$$

可得

$$\bar{I}_{3,2}(n_3=1)=\bar{I}_{3,1}(n_3=1)W+I_{3,2}(n_3=1,\ l_{3,2}=4) \quad (E-61)$$

$$\bar{I}_{3,2}(n_3=2)=\bar{I}_{3,1}(n_3=2)W+I_{3,2}(n_3=2,\ l_{3,2}=4) \quad (E-62)$$

$$\bar{I}_{3,2}(n_3=3)=\bar{I}_{3,1}(n_3=3)W+I_{3,2}(n_3=3,\ l_{3,2}=4) \quad (E-63)$$

$$\boldsymbol{\Psi}_{3,2}(n_3=1)=\hat{l}_{3,2}(n_3=1)=4 \quad (E-64)$$

$$\boldsymbol{\Psi}_{3,2}(n_3=2)=\hat{l}_{3,2}(n_3=2)=4 \quad (E-65)$$

$$\boldsymbol{\Psi}_{3,2}(n_3=3)=\hat{l}_{3,2}(n_3=3)=4 \quad (E-66)$$

⑮类似于⑩，假设

$$\arg\max_{n_2\in\{1,2\}}\tilde{I}_2(n_2)+|\bar{I}_{3,2}(n_3=1)|=1 \quad (E-67)$$

$$\arg\max_{n_2\in\{1,2,3\}}\tilde{I}_2(n_2)+|\bar{I}_{3,2}(n_3=2)|=2 \quad (E-68)$$

$$\arg\max_{n_2\in\{2,3\}}\tilde{I}_2(n_2)+|\bar{I}_{3,2}(n_3=3)|=2 \quad (E-69)$$

可得

$$\tilde{I}_3(n_3=1)=\tilde{I}_2(n_2=1)+|\bar{I}_{3,2}(n_3=1)| \quad (E-70)$$

$$\tilde{I}_3(n_3=2)=\tilde{I}_2(n_2=2)+|\bar{I}_{3,2}(n_3=2)| \quad (E-71)$$

$$\tilde{I}_3(n_3=3)=\tilde{I}_2(n_2=2)+|\bar{I}_{3,2}(n_3=3)| \tag{E-72}$$

$$\overline{\Psi}_3(n_3=1)=\hat{n}_2=1 \tag{E-73}$$

$$\overline{\Psi}_3(n_3=2)=\hat{n}_2=2 \tag{E-74}$$

$$\overline{\Psi}_3(n_3=3)=\hat{n}_2=2 \tag{E-75}$$

⑯假设 $\max\limits_{n_3\in\{1,2,3\}}\tilde{I}_3(n_3)>\gamma$，且 $\hat{n}_3=\arg\max\limits_{n_3\in\{1,2,3\}}\tilde{I}_3(n_3)=3$。则

$$\hat{\hat{n}}_{17:24}=\hat{n}_3=3 \tag{E-76}$$

$$\hat{\hat{l}}_{21:24}=\hat{l}_{3,2}=\Psi_{3,2}(\hat{n}_3=3)=4 \tag{E-77}$$

$$\hat{\hat{l}}_{17:20}=\hat{l}_{3,1}=\Psi_{3,1}(\hat{n}_3=3)=3 \tag{E-78}$$

⑰可得 $\hat{n}_2=\overline{\Psi}_3(\hat{n}_3=3)=2$。

⑱可得

$$\hat{\hat{n}}_{9:16}=\hat{n}_2=2 \tag{E-79}$$

则可得

$$\hat{\hat{l}}_{13:16}=\hat{l}_{2,1}=\Psi_{2,2}(\hat{n}_2=2)=3 \tag{E-80}$$

$$\hat{\hat{l}}_{9:12}=\hat{l}_{2,1}=\Psi_{2,1}(\hat{n}_2=2)=2 \tag{E-81}$$

⑲可得 $\hat{n}_1=\overline{\Psi}_2(\hat{n}_2=2)=1$。

⑳可得

$$\hat{\hat{n}}_{1:8}=\hat{n}_1=1 \tag{E-82}$$

则可得

$$\hat{\hat{l}}_{5:8}=\hat{l}_{1,2}=\Psi_{1,2}(\hat{n}_1=1)=1 \tag{E-83}$$

$$\hat{\hat{l}}_{1:4}=\hat{l}_{1,1}=\Psi_{1,1}(\hat{n}_1=1)=1 \tag{E-84}$$

附录 F　主要符号表

表 F-1　主要符号表

符号	说明
$\mathbb{R}^{M\times N}$	$M\times N$ 维实数空间
$\mathbb{C}^{M\times N}$	$M\times N$ 维复数空间
$\boldsymbol{a}$	矢量
$\boldsymbol{A}$	矩阵
$\boldsymbol{a}[m]$	矢量 $\boldsymbol{a}$ 的第 m 个元素
$\boldsymbol{A}[m, n]$	矩阵 $\boldsymbol{A}$ 的第 (m, n) 个元素
$\boldsymbol{I}_N$	$N\times N$ 维单位阵
$\boldsymbol{1}_N$	N 维全 1 向量
$\boldsymbol{0}_N$	N 维零向量
$(\cdot)^{\mathrm{T}}$	转置运算
$(\cdot)^{\mathrm{H}}$	共轭运算
$(\cdot)^{-1}$	求逆运算
$\lfloor\cdot\rfloor$	向下取整运算
$\lceil\cdot\rceil$	向上取整运算
$\vert a\vert$	实数 a 的绝对值或复数 a 的模
$\vert\boldsymbol{a}\vert$	矢量 $\boldsymbol{a}$ 的模
$\vert\boldsymbol{A}\vert$	矩阵 $\boldsymbol{A}$ 的行列式
$\otimes$	Kronecker 积
$\odot$	Hadmard 积
$E\{\cdot\}$	取期望运算
CN	复高斯分布
$A\cup B$	集合 A 与集合 B 的并集